Behruzjon Omanov
Nilufar Khasanova

QUÍMICA INTERESSANTE

Behruzjon Omanov
Nilufar Khasanova

QUÍMICA INTERESSANTE

GUIA DE ESTUDO

Imprint
Any brand names and product names mentioned in this book are subject to trademark, brand or patent protection and are trademarks or registered trademarks of their respective holders. The use of brand names, product names, common names, trade names, product descriptions etc. even without a particular marking in this work is in no way to be construed to mean that such names may be regarded as unrestricted in respect of trademark and brand protection legislation and could thus be used by anyone.

Cover image: www.ingimage.com

This book is a translation from the original published under ISBN 978-3-659-69282-6.

Publisher:
Sciencia Scripts
is a trademark of
Dodo Books Indian Ocean Ltd. and OmniScriptum S.R.L publishing group

120 High Road, East Finchley, London, N2 9ED, United Kingdom
Str. Armeneasca 28/1, office 1, Chisinau MD-2012, Republic of Moldova, Europe
Managing Directors: Ieva Konstantinova, Victoria Ursu
info@omniscriptum.com

Printed at: see last page
ISBN: 978-620-8-32706-4

BEKHRUZJON OMANOV e NILUFAR KHASANOVA

QUÍMICA INTERESSANTE

GUIA DE ESTUDO

QUÍMICA INTERESSANTE

GUIA DE ESTUDO

A Química de Interesse, estudada nos Liceus Académicos e nas Escolas Secundárias, é um curso abrangente que inclui as secções tradicionais da Química de Interesse - conceitos e leis fundamentais, com conceitos modelo de estrutura atómica e ligação química, energia e velocidade de reação química, equilíbrio químico, soluções e dissociação electrolítica, bem como elementos de química analítica, física e coloidal.

O manual de metodologia envolve a realização de experiências com reagentes químicos e é efectuado num laboratório especialmente equipado. Para preparar um manual de metodologia, o estudante deve, em primeiro lugar, trabalhar de forma autónoma o material teórico, compreender os objectivos do trabalho e familiarizar-se com os métodos de experimentação química.

O manual "Química interessante" destina-se aos estudantes dos liceus académicos para dominar e consolidar a matéria teórica e utilizar os conhecimentos adquiridos nas aulas de laboratório.

Revisores: **1. Hasan Soyibnazarovich Beknazarov** - Professor do Instituto de Investigação Científica de Tecnologia Química de Tashkent, Doutor em **Ciências** Técnicas

2. Ahadov Mamurjon Sharipovich - professor associado do departamento de química, professor assistente do Instituto Pedagógico Estatal de Navoi, doutor em ciências pedagógicas

"A Química está a estender as suas mãos por toda a Terra necessária às necessidades humanas, para onde quer que olhemos, para onde quer que olhemos, em todo o lado se manifestam as realizações da implementação da Química"

M.V. Lomonosov

PREFÁCIO

Após a independência da República do Usbequistão, foi dada grande atenção pública ao domínio da educação, bem como a todos os domínios. Em 29 de agosto de 1997, o Presidente da República do Usbequistão, Islam Karimov, proferiu o discurso "a geração perfeita - a base do desenvolvimento do Usbequistão" na IX sessão da I convocação da Assembleia Suprema, bem como a aprovação do "Programa Nacional de Formação de Pessoal nesta sessão, a adoção da lei "sobre educação" na nova análise, Neste momento, está em curso a fase de desenvolvimento do "Programa Nacional de Formação" no sistema educativo do nosso país. A principal tarefa nesta fase é melhorar e desenvolver o sistema de formação de pessoal de acordo com as perspectivas de desenvolvimento socioeconómico do país, com base na análise e generalização das experiências acumuladas, reforçar ainda mais os recursos, o pessoal e as bases de informação das instituições de ensino, dotar plenamente o processo educativo de novos complexos educativos e metodológicos, tecnologias pedagógicas avançadas.

Nos planos educativos para as áreas do ensino superior criados na nossa república, é dada grande importância à "educação autónoma". A educação autónoma é importante para que os estudantes se trabalhem a si próprios e formem a sua visão do mundo. O principal objetivo do trabalho autónomo do estudante é a formação e o desenvolvimento dos conhecimentos e das competências necessárias para a realização teórica e prática de um trabalho autónomo nas matérias relevantes, sob a orientação de um professor de ciências. O trabalho autónomo dos alunos consiste na procura da informação necessária, na utilização eficaz da literatura, dos manuais, das conferências e da rede Internet, no estudo teórico e prático das tarefas atribuídas pelo professor para estudo e realização autónomos, na análise numérica das aulas e dos resultados laboratoriais, na elaboração de resumos, na criação de trabalhos científicos de estreia, na realização de layouts, na sua proteção perante especialistas.

Manual educativo" educação e trabalho de círculo independente de Química "para estudantes de áreas educativas do Ensino Superior "química-ecologia", "Biologia e segurança da atividade vital humana", bem como para professores, resumidos e sistematizados na disciplina "química geral" normas educativas estatais, Estabelecido com base no modelo de regulamento "sobre a organização, Controlo e avaliação do trabalho independente do aluno" aprovado pelo decreto do Gabinete de Ministros da República do Uzbequistão de 16 de agosto de 2001 No. 343 "sobre a aprovação das normas do ensino superior" e o Despacho n.º 34 do Ministério do Ensino Superior e Secundário da República do Usbequistão, de 21 de fevereiro de 2005.

O manual também fornece informações e recomendações que os professores podem utilizar para organizar noites de química, realizar formações em círculo, trabalhar com alunos sobredotados. O tutorial também é útil para uma ampla gama de leitores e interessados em química.

É claro que todos os futuros educadores-professores são obrigados a melhorar continuamente os seus conhecimentos, a estar a par das inovações e mudanças do mundo, pois esta é a exigência atual da vida. No entanto, na aprendizagem, o aluno (professor) quer adquirir mais conhecimentos gastando menos tempo. Se, o seu desejo pode tornar-se realidade. Sim, claro, apenas com a condição de dominar as responsabilidades do trabalho autónomo.

A capacidade, mesmo o talento, não significa conseguir tudo. É necessário atingir o objetivo estabelecido, é necessário habituar-se a ele. É importante usar a mente regularmente, expandir o seu círculo de conhecimentos, viver uma vida com objectivos. Muito aqui depende do quanto compreende e faz por si próprio: Realizou a tarefa você mesmo ou transplantou-a de um camarada, memorizou as tarefas você mesmo ou respondeu a elas dependendo do que eles dizem aos seus camaradas, fez as experiências você mesmo ou ficou com o facto de o seu vizinho no partido o ter feito, etc. Parecem coisas insignificantes. Mas não será isto o início da negligência do trabalho consciente, dependência que leva ao roubo da sua perceção? Trabalhar regularmente leva ao facto de não sobrar espaço no seu conhecimento, de não dominar, enquanto que preencher o défice acaba muitas vezes em azar, porque é necessária demasiada força e vontade para ele.

Que condições são necessárias para que os seus conhecimentos sejam profundos, sólidos e abrangentes, para que possa estudar com sucesso? Antes de mais, o trabalho. A leitura é um trabalho que começa numa instituição de ensino e termina em casa. A leitura, como qualquer trabalho, medida pelo volume de material didático, tem a sua própria norma. É realizada num determinado período de tempo: 45 minutos na aula, 80 minutos no Instituto, e o trabalho de estudo em casa demora entre 30 e 45 minutos, dependendo do carácter de cada tarefa e da complexidade dos materiais. O estudo em casa é considerado um trabalho puramente individual.

A segunda condição é a disciplina. Quando existe uma boa disciplina, toda a atenção e toda a mente estarão concentradas no objetivo final da aula - a assimilação do material didático. A aula decorre a um ritmo elevado, com bons resultados. O professor olha regularmente para todos para que trabalhem de forma produtiva, para que não se envolvam em assuntos invioláveis. Empregada doméstica? É neste local que se manifesta a sua disciplina. Planeia o seu trabalho educativo por si própria, aplicando métodos eficazes de trabalho independente, completando as tarefas no momento ideal.

E, por último, a diligência. Qualquer trabalho deve ser feito de forma qualitativa e atempada. Tente realizar os trabalhos de forma rápida, correta e atempada na sala de aula, sob a orientação de um professor, e em casa, de forma autónoma. Se surgirem dificuldades, pode contactar o seu professor ou camarada.

Mudar significa cumprir o dever. É assim que se desenvolve a força de vontade, o carácter e a determinação.

Se qualidades como trabalho árduo, disciplina e trabalho árduo, que são mostradas em você, se tornarem parte integrante de seu caráter, você não permitirá que lacunas permaneçam em seu conhecimento, não permanecerá na leitura e poderá dominá-las qualitativamente. materiais educacionais, se você realizar um trabalho independente sistemático todos os dias do ano. No entanto, estas qualidades não só ajudam a estudar eficazmente, mas também ajudam a realizar trabalho social, participar em círculos e outros eventos. As aulas podem assumir métodos independentes de trabalho num curto espaço de tempo.

Escuta cortada! Desenvolve-se um estilo próprio de trabalho autónomo. Alguns gostam de trabalhar em silêncio, na solidão, outros dão-se bem com as pessoas, os mesmos usam registos, enquanto outros não trabalham. Ao observar e escrever na aula, certificou-se de que precisa de ouvir o seu professor e os seus camaradas. É necessário escutar constantemente com muita atenção para não perder o mais necessário, o principal. Ao ouvir as palavras de uma aula para outra, pode obter bons resultados no desenvolvimento da sua memória auditiva. Para compreender o conteúdo do manual escolar, é necessário ouvir constantemente as palavras do professor na aula. Sem ele, o conhecimento não pode ser totalmente dominado. Muitas vezes, diz-se que as pessoas que estão a ouvir sem escrever na aula ou na palestra também estão sentadas sem nada para fazer. Isso é incorreto.

A audição é um processo de absorção de informação que tem um papel crucial na memória auditiva. É aconselhável escrever para se lembrar bem do que ouviu. A escrita pode assumir a forma de uma palavra, frase, carácter, fórmula, equação de reação, esquema, plano, etc. Esta inscrição ajudará a utilizar um manual em casa, a memorizar facilmente os materiais mencionados ou previamente mencionados e ouvidos na aula. Nunca hesite em fazer perguntas, pergunte. Ao fazer uma pergunta, compreenderá bem o significado principal do novo material didático e regressará da aula, certificando-se de que todos dominam o material. Uma pergunta atempada levará à eliminação de lacunas no seu conhecimento, à preparação para outras questões da aula e à libertação de notas baixas.

É importante anotar. Não precisa de um caderno em química? Existe um livro de texto que constitui o material didático. Não, numa aula de química é necessário um caderno para resolver e completar os trabalhos de casa e anotar um ou outro facto que o professor explicou, laboratório, resultados experimentais e actividades práticas, exercícios, cálculos. No livro de texto, algumas matérias são frequentemente dadas de forma abreviada e generalizada. O professor, não se limitando a um único manual, ensina a matéria recorrendo a várias obras de literatura. Por isso, é aconselhável anotar a referência citada pelo professor.

Muitos alunos e alunas perguntam: "Porque é que não hei-de deixar de ficar tonto com a Química e as Ciências Naturais, afinal, nunca as utilizo? "queixam-se. É difícil acreditar nas afirmações de tais pessoas sobre a "futilidade" da Química e das Ciências Naturais. Nós, sabendo ou não, utilizamos as leis da química no nosso quotidiano. Os conhecimentos de química têm, por vezes, de ser aplicados mesmo na vida (em casa, no trabalho), pelo que as informações que registou serão certamente úteis.

METAS E OBJECTIVOS DA ORGANIZAÇÃO DE ACTIVIDADES EXTRACURRICULARES

As actividades extracurriculares de química podem ser organizadas de várias formas: sob a forma de vários testes, concursos e noites de química.

Independentemente do tipo de actividades extracurriculares organizadas, é necessário que haja sempre informação suficiente nas mãos do professor-organizador. Ao mesmo tempo, o professor deve prestar especial atenção ao facto de o aluno - os jovens que participam no evento serem educados, engenhosos e capazes de agir.

Embora o professor utilize uma variedade de poemas interessantes, provérbios, interlúdios e experiências químicas milagrosas num evento extracurricular, o conteúdo do evento é rico e o interesse dos alunos e dos jovens pela química aumenta dramaticamente, sem dúvida.

No sistema de ensino moderno, é aconselhável organizar a formação utilizando elementos de tecnologias pedagógicas avançadas, especialmente porque a formação, organizada utilizando um método não convencional, cultivará ainda mais a paixão do aluno pela aprendizagem. Por exemplo, é importante utilizar jogos didácticos nas actividades extracurriculares de Química na escola. Os "jogos didácticos" são constituídos pelo objetivo do jogo, a regra do jogo e o conteúdo do jogo. Nos jogos, procura-se que cada participante, tentando atingir um pico mais alto para si próprio, ao mesmo tempo que tenta adquirir mais conhecimentos.

Abaixo estão alguns dos jogos de química que podem ser utilizados em actividades extracurriculares. "Quem está mais atento?", o objetivo do jogo é avaliar a inteligibilidade dos alunos, enquanto o conteúdo - reacções químicas - é escrito no quadro, as fórmulas são escritas com erros. O leitor que encontrar os erros é considerado mais atento, um jogo que também pode ser realizado numa sessão de laboratório. Neste caso, são "permitidos" erros elementares na realização de experiências (deixar a boca do pote aberta, ativar a lâmpada de álcool a partir de outra lâmpada de álcool, deixar a lâmpada de álcool acesa, etc.). Os alunos são obrigados a corrigir esses erros e a limpar o local de trabalho. O leitor que não comete erros é o mais atento. O jogo é observado pelo árbitro (instrutor) que regista e anuncia os pontos no quadro.

"Quem é rápido e bom?", o objetivo do jogo é criar uma mistura a partir de substâncias que são mostradas com pouco tempo, e substituir as misturas, exigindo que sejam separadas. Por exemplo, podem ser dadas as seguintes substâncias: um copo com 100 ml de água, uma varinha de vidro, sal de cozinha, pedaços de fio de alumínio, pedaços de zinco e de cobre. O árbitro observa o trabalho a realizar e indica e avalia os erros (se permitidos).

"O objetivo do jogo "determinar a substância" é desenvolver a capacidade de memorização dos alunos. Os cartões apresentam as fórmulas de diferentes substâncias, os alunos têm de dizer o nome da substância, simples ou complexa. Por exemplo:

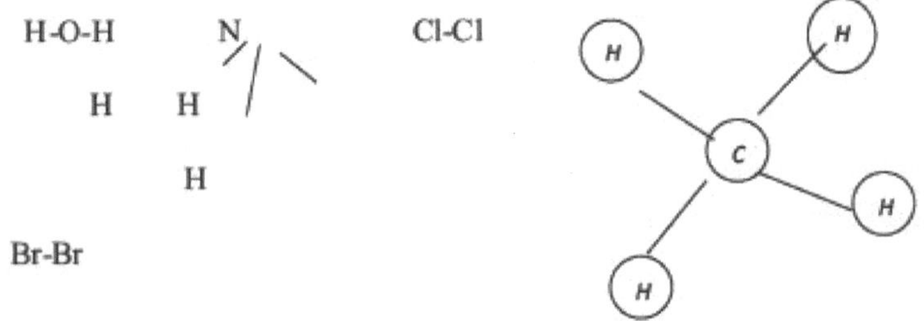

"O objetivo do jogo "Detetar um acontecimento" é controlar a capacidade do leitor para distinguir entre fenómenos químicos e físicos. Neste jogo, realizam-se experiências de diferentes formas: queima-se papel, parte-se giz, molha-se açúcar e sal em água, mistura-se sal com areia, etc. O aluno com o maior número de respostas corretas é considerado o vencedor. Durante cada jogo, o aluno vencedor é encorajado pelo árbitro.

Também é possível reforçar a harmonia mútua entre os alunos, ensinando-lhes que devem ajudar-se mutuamente durante estes jogos. Por exemplo, também é possível agradecer ou acrescentar pontos por ajudar um aluno com dificuldades. Ensina-se também que o tevarak - o ambiente - deve ser tratado com cautela. Por exemplo, pergunta-se que fenómeno ocorre como resultado da ativação de substâncias, que substâncias são libertadas no ambiente, que danos e benefícios têm para a natureza. Cada concorrente tem a sua própria opinião e, no final, o juiz incentiva o detentor da melhor opinião, resumindo as opiniões expressas.

Para além dos jogos abordados, "quem é mais e mais rápido?", "O quê? Onde? Quando?", que podem ser utilizados nas aulas de química. Para o efeito, as perguntas são estruturadas de forma a permitir uma resposta rápida e breve. De seguida, os alunos são questionados de forma autónoma. Também podem ser realizados os jogos "Viagem à indústria química", "Viagem ao sistema periódico".

Para isso, são elaboradas perguntas sobre empresas da indústria química do Uzbequistão e sobre elementos, palavras cruzadas. Para que o leitor encontre essas questões, ele é novamente procurado de forma independente e seu interesse pela ciência aumenta. Quando um aluno realiza experiências com as suas próprias mãos, vê através dos seus olhos, então o desejo pela ciência aumenta.

Para o efeito, é aconselhável que o estudante-estudante tenha conhecimento das seguintes informações interessantes:

- A indústria utiliza 1-2 metros cúbicos de água para produzir 1 tonelada de tijolos de construção, enquanto a produção de 1 tonelada de fertilizante de azoto custa 600,1 toneladas de 1 tonelada de Capron para produzir 2500 metros cúbicos de água.

- O maior yombis de ouro é encontrado na Austrália, pesando 250 quilogramas.

- Diz-se que o cientista francês Antoine Lavoisier é o "pai da Química", que descobriu que nenhum elemento da natureza desaparece sem deixar rasto.

- Gelment, um químico e médico holandês do século XVI que cunhou a palavra gás, a partir da palavra grega "caos" ("caos" significa um vazio imaginário), que Lavoisier mais tarde incorporou na ciência.

- A primeira a começar a usar diamantes como decoração foi Agnes Sorel, dama da corte de França, em 1430.

- Num ano, são extraídos 850.000 quilos de prata pura no mundo.

- O primeiro termómetro foi criado em 1714 pelo físico alemão Gabriel Daniel Fahrenheit (enquanto o fundador do termómetro, G. Galileu, é contado em 1597).

- São necessárias cerca de 1.000.000.000 de pequenas gotas para formar uma gota de chuva.

- Cerca de 7.200.000 toneladas de azoto estão presentes num quilómetro quadrado da superfície da Terra.

- O número de compostos de carbono é superior a 200.000.

- Como o impulso nervoso se move a uma velocidade de cerca de 250 quilómetros por hora!

- A palavra óleo significa "óleo de pedra".

- Pela primeira vez, o Prémio Nobel foi atribuído a 1 de dezembro de 1901, no quinto ano da morte de Nobel. No mesmo ano, J. Van't Goff foi também galardoado com o Prémio Nobel da Química pela determinação da pressão osmótica nos líquidos.

- Em 865-923, Abu Bakr Muhammad ibn Zakariya al-Razi tentou dividir as substâncias em classes.

- Nos anos 1012-1023, Abu Ali Ibn Sina classificou as substâncias medicinais em círculos simples e complexos e enumerou os nomes de 811 medicamentos simples por ordem alfabética.

- O maior icebergue tem 350 km de comprimento, 90 km de largura, 250 metros de espessura e contém 8000 mil milhões de metros cúbicos de gelo.

- Em 1809, o cozinheiro francês F. Apper propôs revestir de estanho as tampas utilizadas nas conservas, a fim de preservar os produtos durante muito tempo.

- O antimónio não se encontra apenas nos espectros do Sol. - Mesmo 2-3 gramas de iodo podem causar a morte, mas o corpo humano recebe mais sob a forma de iodetos.

- Ceres é um dos maiores "Asteróides", cujo nome deriva de Ceres e significa maior, mais.

- O tântalo é mais barato do que a platina mas mais caro do que a prata.

- Wolfram é uma palavra alemã que significa "Wolf" - lobo, "Ramm" - ovelha.

- Platina significa "Platão" em espanhol - prata.

- O ácido sinílico é o veneno mais forte para a platina, a sua concentração de 1:20000000 destrói os catalisadores de platina.

- O tungsténio liquefaz-se a 3410°C e ferve a 6690°C, uma temperatura até agora só encontrada na superfície do Sol.

- Um avião de passageiros moderno consome 50-75 toneladas de oxigénio durante um voo de 9 horas, a mesma quantidade de oxigénio é libertada por 25.000-50.000 hectares de floresta como resultado da fotossíntese.

- Se todo o sal de mesa existente nos oceanos do mundo for removido, toda a Europa estará coberta por uma superfície de 5 km.

- É necessário processar 500 toneladas de minério para obter 1 grama de rádio.

- A cada segundo, 4 milhões de toneladas de hidrogénio são convertidas em hélio no Sol.

- A quantidade de deutério na água do mar é de 10-13%, mas pode fornecer a energia necessária para uma pessoa durante vários anos.

- A massa de um átomo de hidrogénio é menor do que a massa de um ser humano em comparação com a massa da Terra.

- Se uma pessoa consumir 10 gramas de cloreto de sódio por dia, ganhará cerca de 3,5 quilos num ano. Como se consomem 17,5 milhões de toneladas de cloreto de sódio por ano no nosso planeta, o seu transporte requer 5000 km de distância.

- O gás mais pesado é o rádon, que é 111 vezes mais pesado do que o hidrogénio, 8 vezes mais pesado do que o ar e 3,13 vezes mais pesado do que o cloro. - O cloro foi utilizado pela primeira vez como veneno em 1915.

- N.D. Zelinsky criou o primeiro gás anti-embaciamento.

- Se conseguires resolver de forma independente 200-250 problemas diferentes no curso do ensino secundário, podes entrar na Universidade!!!

- Cerca de 7 mg em 1 tonelada do oceano mundial. existe ouro, o que significa que a quantidade total deste metal precioso no oceano mundial é de 10 mil milhões de toneladas.

- Segundo o médico e cientista T. Paracelso, "A tarefa da química não é produzir ouro e prata, mas obter produtos medicinais".

- As investigações de T. Paracelso foram publicadas numa obra em 14 volumes.

- Se 100 milhões de átomos de hidrogénio forem colocados uns a seguir aos outros, formarão uma cadeia com apenas um centímetro de comprimento.

- A água armazenada em recipientes de prata é considerada como tendo propriedades curativas, mesmo há 2500 anos atrás, um governante chamado Percy Cyrus guardava água em recipientes de prata para utilizar em batalhas.

- Uma pessoa gasta 2,5-3 litros de água num dia.

- Até as substâncias semelhantes ao vidro se dissolvem na água. A quantidade de oxigénio existente no planeta é de 1015 toneladas. Quantos comboios serão necessários para os transportar a todos, se for necessário um comboio composto para transportar 2000 toneladas?

- O primeiro a referir a complexa composição do ar foi o artista italiano Leonardo da Vinci, no século XV.

- O oxigénio foi detectado pela primeira vez pelo chinês Mao Hoa no século VIII, mil anos mais tarde. Lavoisier tinha descoberto que o ar continha gás para facilitar a combustão.

- Um automóvel ligeiro consome 77.000 litros de oxigénio ou 390.000 litros de ar para queimar 38 litros de gasolina. Esta quantidade de oxigénio é suficiente para 30 pessoas respirarem diariamente.

- D. I. Mendeleev descobriu a lei periódica na segunda-feira, 17 de fevereiro de 1869.

- As primeiras mulheres químicas a ganhar o Prémio Nobel são Maria Sklodovskaya Curie, Irene Jolio Curie e Dorothy Crowfoot-Hotchkin.

- Quando se ouve falar do catalisador KSN, sabe-se que é utilizado para obter hidrogénio e é designado pela letra inicial de três cidades: Kiev, Severodonesk e Nevinnomisk.

- A maioria dos minérios cheira a minério que contém ouro cheira a alho-cebola.

- Cristal de gagarinite encontrado no Cazaquistão, composição $Na_2Ca_2Y_3$ (F, Cl)15, amarelo claro, seis lados, este nome de cristal foi colocado em honra do primeiro cosmonauta.

- A ambra é uma substância cinzenta, com um cheiro específico, formada no organismo da baleia, que detecta perfeitamente outros odores e da qual se obtêm valiosos produtos de perfumaria. O preço de 1 kg de Ambra no mercado mundial é mais caro do que 1 kg de ouro.

- A Argélia tem um lago cheio de tinta, utilizando-a para tirar e escrever.

- O sal de Glauber $Na_2SO_4.10h_2o$ é também chamado "Mirabilit" (Sal mirailis), que significa "sal milagroso".

- É sabido que o tubo é um recipiente químico, que recebeu o nome de Herman Kolbe, professor da Universidade de Marburg e Leipzig.

- Pela primeira vez, o álcool cetílico de alto teor de óleo foi retirado da cabeça da baleia ("setus" - latim para "baleia").

- Adolf Bayer fez o seu primeiro estudo aos 12 anos de idade e obteve carbonato de cobre e carbonato de sódio cristalizado.

- A água de Javel é uma solução alcalina de cloro e tem este nome devido ao facto de ter sido obtida pela primeira vez em Javel, França.

- Tolueno - hidrocarboneto aromático, 1841 químico francês A. Tomado por St. Clair Devillem. Nome do porto de Tolu, na Colômbia.

- O primeiro explosivo, a pólvora negra, foi descoberto em 1313 pelo monge Bertold Schwarz.

- M., o primeiro químico a ter uma imagem em selos.V. Foram-lhe dedicados 11 selos diferentes, sendo Lomonosov.

- Os escaravelhos guardam em si toda uma "fábrica química" que, se pressentir o perigo do inimigo, liberta um explosivo, cujo "segredo" foi desvendado em 1965. O explosivo são as enzimas hidroquinona, metil-hidroquinona, peróxido de hidrogénio e catalase e peroxidase.

- O organismo humano adulto armazena 4 gramas de ferro.

- Comprime a atmosfera e, quando colocado na balança, apresenta um peso de 51710000000000 toneladas.

- O organismo humano armazena 65% de oxigénio na sua massa, pelo que se pode calcular a quantidade de oxigénio no corpo.

- Para obter fragrâncias olfactivas utilizadas na cosmética, é necessário óleo de rosas. Para obter 1 quilograma de óleo de rosas, é necessário recolher 4-5 toneladas de pétalas de rosas e proceder à sua transformação química. Este óleo custa 3 vezes mais do que o ouro. - O carvão incolor é o gás, o carvão amarelo é a energia solar, o carvão verde é o combustível vegetal, o carvão azul é a energia marinha, o carvão apóstolo é a força de movimento do vento, o carvão vermelho é a energia dos vulcões.

- O policarbonato é um polímero que conserva em si propriedades interessantes. Pode ser duro como o metal, macio e elástico como a seda, brilhante como o cristal (brilhante), ou de cores diferentes, não queima, manifesta as suas propriedades na gama de +1350 C a -1500 C.

<u>O QUE? ONDE? QUANDO?</u>

- Qual é o óleo frio que aquece água fria? (óleo Kuporos)

- Que serpente tem muito mercúrio? (Na serpente Faraó - Rodaneto de mercúrio (II))

- Como queimar uma árvore sem fogo? (Polvilhar com ácido sulfúrico concentrado)

- Como obter água do fogo (hidrogénio em combustão)?

- Em que água, quente ou fria, o sal de mesa se dissolve rapidamente? (o mesmo em ambas)

- É possível separar o ovo da vagem sem o partir? (colocar em ácido diluído)

- Que papel azul pode ser transformado em vermelho? (Mergulhar papel de tornassol azul em ácido)

- Que elemento tem o nome de um herói da mitologia grega? (tântalo)

- Quantos elementos químicos são utilizados no fabrico de automóveis? (50 unidades)

- Sabes qual é o gás mais pesado, o líquido mais pesado e o sólido mais pesado? (O gás mais pesado é o composto de flúor hexavalente do tungsténio, o líquido mais pesado é o mercúrio e o sólido mais pesado é o ósmio)

- O que é a água pesada? (Combinação de oxigénio com o isótopo de deutério do hidrogénio D_2O)

- O que é o ar com hélio? (Ar artificial constituído por 20% de oxigénio e 80% de hélio)

Nota: São necessárias respostas rápidas e curtas.

EXPERIÊNCIAS INTERESSANTES

Varinha mágica

Há três recipientes com água e não se verifica qualquer alteração quando se parte um pau de vidro no primeiro. Depois, quando o mesmo pau cai no pote, fica vermelho. O pau não muda de cor quando colocado num recipiente. Mas a cor da mistura no pote muda quando este pau toca no pote, e quando é colocado no pote, muda de cor. (O primeiro deste produto contém fenolftaleína, o segundo contém hidróxido de sódio e o terceiro contém ácido clorídrico. Se o pau for mergulhado em fenolftaleína e o resultado for alcalinizado, torna-se incolor com sumo de romã. Este fenómeno é o resultado do efeito sequencial da situação anterior).

Queimar papel com água

Um estudante apareceu e disse: "Caro público, vou agora queimar este papel com água limpa neste copo. Se não acreditam, podem experimentar beber água. Atiro o papel para a água, começa a correr na superfície da água, agora o papel está zangado, vai arder agora. Olha, o papel ardeu. Como é que se explica que o papel arda?

Para realizar esta reação, o professor de química pega num pedaço de potássio, limpa-o com papel de filtro e envolve-o em papel branco. O participante que realiza a reação atira-o para a água. A combustão do papel é causada por uma exposição muito rápida devido à atividade do metal.

Fumo sem fogo

O aluno tem dois paus na mão, um deles está mergulhado em hidróxido de amónio e o outro em ácido clorídrico, e se forem aproximados um do outro, produz-se fumo. Se o professor realizar esta experiência e depois pedir aos membros do círculo que escrevam um cenário poético ou interessante desta experiência, o interesse dos alunos pela ciência aumentará de certeza.

Extrair a casca do ovo sem a partir

Deita-se um ovo na "água" de um frasco de vidro. Lembra aos alunos que devem prestar muita atenção. Primeiro, o ovo afunda-se, depois começam a sair bolhas da sua superfície. O ovo sobe e desce, por vezes gira em torno do seu eixo e brinca. Por fim, a casca do ovo derrete completamente e fica pálida.

Coloca aos alunos as seguintes questões:

- O que era a "água" no frasco de vidro?

- Que tipo de gás foi libertado?

- Porque é que a casca do ovo derreteu?

Resposta: O vidro é uma solução diluída de ácido clorídrico num frasco. A casca do ovo é composta principalmente por carbonato de cálcio e matéria orgânica. O gás dióxido de carbono é libertado pela ação da solução de cloreto sobre o carbonato de cálcio. Esta é a razão pela qual o ovo brinca no líquido.

Enlamear a água soprando

Enche-se metade do tubo de ensaio com um líquido transparente, baixa-se um tubo de vidro dobrado de modo a ficar imerso no líquido e sopra lentamente a outra extremidade do tubo. Neste caso, começam a sair bolhas do líquido. Se o sopro continuar durante alguns segundos, o líquido começa a ficar turvo e torna-se branco leitoso. Se se continuar a soprar novamente, após alguns segundos o líquido branco turvo volta a ser um líquido límpido.

- O que é uma solução límpida num tubo de ensaio?

- Que tipo de gás sai quando se sopra?

- Porque é que o líquido começa por ficar turvo e depois volta a ficar límpido?

Resposta: O líquido no tubo de ensaio era cal apagada. Ao soprar, é libertado gás dióxido de carbono. O dióxido de carbono reage com a cal apagada e forma o sal de carbonato de cálcio. Neste caso, a solução torna-se turva. Se se continuar a arejar, forma-se bicarbonato de cálcio e a solução torna-se límpida.

Água gelada no verão

Pode colocar uma solução saturada de sal de Glauber num balão e, sem a mostrar aos alunos, demonstrar a formação de cristais de sal deixando cair pedaços de cristais de sal.

Incêndios em Bengala

Toda a gente já viu as chamas carmesim ou amarelas, brancas, verdes ou roxas que irrompiam dos músculos a cozinhar nas grandes festas ou nas noites de Carnaval nos parques, criando um cenário maravilhoso e belo na noite escura. Mas porque é que essas chamas são coloridas? nem toda a gente sabe como são feitas e de que são feitas.

Essas chamas coloridas que vêem são chamadas de "fogo de Bengala". Porquê? Porque este fogo foi descoberto pela primeira vez na Índia, em Bengala.

Antigamente, os sacerdotes indianos construíam propositadamente templos onde a luz incidia de forma ténue. Nesses templos, durante as cerimónias religiosas, acendia-se fogo vermelho, verde e de outras cores no teto, mostrando um "milagre" aos fiéis, deixando-os muito surpreendidos. Mais tarde, este milagre espalhou-se por outros países. Mas, neste caso, as pessoas começaram a usar luzes coloridas não para fins religiosos, mas para entretenimento e outros fins. E o nome ficou como fogo de Bengala.

Para criar um fogo de Bengala, os materiais incendiários e combustíveis são misturados com sais de metais que pintam a chama com cores diferentes.

O sal de Berthauley é utilizado como agente incendiário, o enxofre e o carvão são utilizados como agentes incendiários e os sais de metais como o estrôncio, o bário, o cobre, o potássio, o sódio e o lítio são utilizados para colorir a chama. Abaixo damos a quantidade de ingredientes necessários para fazer alguns Fogos de Bengala.

1. Para criar uma chama verde:

a) 9 g de sal de Bertholey, 10 g de enxofre, 31 g de sal de nitrato de bário.

b) Devem ser obtidos 7,3 g de sal de Bertholey, 1,7 g de enxofre, 1 g de óxido de boro

2. Para uma chama vermelha: 4 g de sal de Bertholey, 11 g de enxofre, 2 g de carvão de pistácio, 33 g de sal de nitrato de estrôncio.

3. Para obter uma chama cor de girassol: 60 g de sal de Bertholey, 16 g de enxofre, 12 g de pedra cáustica de amónio e potássio, 12 g de sal de carbonato de potássio.

4. Para obter uma chama amarela: 61 g de sal de Bertolei, 32 g de enxofre, 30 g de soda anidra. Os tubos de foguete e de músculo são enchidos pressionando estas misturas sob a forma de esferas, cilindros e pirâmides.

Relógios químicos

Prepare duas soluções em que 3,9 g de iodeto de potássio são dissolvidos num litro de água, 0,94 g de ácido sulfúrico e vários mililitros de pasta de amido são dissolvidos noutro litro de água. Ambas as soluções são incolores. Pega em 100 ml da segunda solução e coloca rapidamente a mesma quantidade da primeira solução por cima, misturando. Observa o ponteiro dos segundos do relógio: após 6-8 segundos (a precisão do tempo depende da temperatura), o líquido torna-se azul escuro, quase preto.

Em seguida, mudar a experiência. Pega em 100 ml da segunda solução, dilui duas vezes com água 50 ml da primeira solução e junta as soluções. O tempo decorrido até ao início da reação também duplica. Se pegar em mais 100 ml da segunda solução e misturar 25 ml da primeira solução com 75 ml de água e juntar as soluções uma à outra, c tempo decorrido até ao início da reação aumenta quatro vezes em relação à primeira experiência.

O som do gelo seco

As substâncias que evaporam sem liquefação, ou seja, que sublimam, incluem o óxido de carbono (IV) sólido, vulgarmente conhecido como gelo seco. Uma vez que solidifica apenas a 78°C, tenha cuidado ao trabalhar com pedaços de gelo seco, por precaução, use luvas e agarre-os com pinças. Deita água fria na taça e coloca-a sobre algo duro, de preferência azulejo. Coloque um pedaço de gelo seco no fundo da taça. O monóxido de carbono sólido emite um som crepitante agudo quando pressionado. Explica a experiência (produz-se um som devido a uma mudança de pressão).

Indicadores na natureza

Os frutos e as flores contêm corantes que mudam de cor consoante a acidez do ambiente. Podem servir de indicador. Colher frutos e flores da natureza no verão. Podem ser flores, borboletas, tulipas, macacos, framboesas, morangos. Secar as flores e os frutos colhidos e guardá-los em caixas de papel especiais para o inverno.

A solução dos indicadores deve ser preparada antes da experiência, pois estes podem deteriorar-se rapidamente. Colocar alguns frutos frescos ou secos e pétalas de flores num tubo de ensaio com água e ferver em banho-maria. Filtrar o caldo e colocá-lo num copo limpo.

Para determinar que solução pode atuar como indicador de um determinado ambiente e como a sua cor muda, prepare uma decocção de qualquer planta recolhida e torne-a vermelha num ambiente ácido e verde-azul num ambiente alcalino. gosto Por exemplo, determine como a decocção azul brilhante de um lírio do vale muda para vermelho num ambiente ácido e vermelho num ambiente alcalino.

Alguns sumos, por exemplo, sumo de uva, de beterraba, de couve roxa, também apresentam propriedades indicadoras. Verifica-os também e regista as tuas observações no quadro. Podes encontrá-los na natureza sem comprar reagentes.

Separação de substâncias

Experimente a extração. Moa algumas nozes ou pistácios de girassol num tubo de ensaio, deite um pouco de gasolina e agite-o várias vezes. Deixe o tubo de ensaio durante várias horas (não se esqueça de o manter afastado do fogo), não se esquecendo de o agitar de vez em quando. Em seguida, coloque a gasolina num prato e leve-o para o quintal. Depois de a gasolina se evaporar, um pouco de óleo dissolvido na gasolina fica no fundo do prato. A clorofila das folhas pode ser extraída com álcool (aquecimento em banho-maria). Neste caso, as folhas tornam-se quase incolores.

O iodo pode ser extraído da tintura de iodo vendida na farmácia utilizando gasolina. Para tal, adicione água a um terço da rolha e adicione cerca de 1 ml de tintura de iodo, deite a mesma quantidade de gasolina na solução castanha resultante. Agite o tubo de ensaio e deixe-o durante algum tempo. A mistura divide-se em duas camadas. A camada de gasolina é castanha escura e a camada de água torna-se quase incolor. O iodo é pouco solúvel em água, mas bem solúvel em gasolina.

Adubo caseiro

Mesmo que os fertilizantes minerais sejam vendidos nas lojas, tente prepará-los você mesmo. O osso é utilizado como matéria-prima para o efeito. Porque a sua base mineral é a fosforita. Os adubos fosfóricos são obtidos a partir de fosforitos nas fábricas. Então, vamos tentar preparar um superfosfato simples. Queimar o osso numa fogueira até que os compostos orgânicos se queimem. A cremação também pode ser feita numa fogueira. Depois disso, triturar alguns pedaços brancos e limpos de osso, primeiro com um martelo e depois com um almofariz. Misturar 50 g de pó de osso com 3-5 g de giz, colocar a mistura num recipiente limpo e adicionar 20 g de ácido sulfúrico a 70%, misturar com uma vareta de vidro e adicionar gradualmente. A mistura é aquecida e inicialmente torna-se uma pasta e, após uma hora, forma-se um pó branco. Este pó é superfosfato misturado com sulfato de cálcio.

Determinação das vitaminas nos alimentos

Analisar as vitaminas é uma tarefa complexa. Mas a mais comum das vitaminas é a vitamina C, que pode ser determinada em casa.

Diluir 40 vezes, adicionando água à tintura de iodo vendida na farmácia. 0,88 mg de ácido ascórbico correspondem a 1 ml da solução a 0,125% obtida. Diluir 20 ml de sumo (sumo de laranja, de limão, etc.) em 100 ml de água e adicionar um pouco da solução de amido. Adicionar a solução de iodo gota a gota. Logo que o iodo oxide o ácido, a gota seguinte torna a solução azul. Isto indica que a titulação está completa. Para saber a quantidade de iodo utilizada na titulação, determine antecipadamente o volume de uma gota de iodo. Converta o número de gotas em ml e multiplique por 0,88 para obter a quantidade exacta de vitamina C na amostra.

Identificação de proteínas

Primeiro, realizamos uma reação qualitativa que nos permite dizer com confiança se o que estamos a testar é uma proteína ou não. Primeiro, adiciona-se uma pequena quantidade de carbonato de sódio ou soda cáustica à solução suspeita de conter proteínas. Se a solução contiver proteínas, a mistura de reação torna-se púrpura. Esta é a reação de Biureto.

Agora vamos preparar a cola de caseína proteica: apesar da abundância de colas sintéticas, esta cola ainda é utilizada. A caseína está presente no leite. É mais conveniente separá-la do iogurte. Passar o iogurte por várias camadas de pano de algodão e deitar fora o soro. Lavar a massa que fica no filtro várias vezes com água e secar. Depois de completamente seca, a caseína em pó moída num almofariz está pronta. Misturá-lo com álcool, álcool e água numa proporção de 1:1:3. Esta será a cola de caseína. Aconselhamos a obtenção de objectos de madeira ou cerâmica para verificar as propriedades da cola.

Experiências com hidratos de carbono

É conhecida uma reação muito sensível de hidrocarbonetos chamada reação de cor de Molish. Ao mesmo tempo, esta reação é muito bonita.

Deite cerca de 1 ml de água num tubo de ensaio e coloque algumas partículas de açúcar ou um pedaço de papel de filtro. Adicionar 2-3 gotas de uma solução de resorcinol ou timol em álcool (vendido numa farmácia). Adicionar 1-2 ml de ácido sulfúrico concentrado ao longo das paredes do tubo de ensaio. Instalar o suporte na vertical. O ácido forte afunda-se no fundo do tubo de ensaio e surge um anel cor-de-rosa ou púrpura claro na interface entre o ácido e a água. Não se deve esquecer que a reação de Molish é extremamente sensível, uma quantidade muito pequena de adição de hidratos de carbono, mesmo o pó nas paredes do tubo de ensaio, pode dar cor. Por isso, antes da experiência, é necessário lavar muito bem o recipiente, se possível, com água destilada.

Agora obtemos uma mistura de dois monossacáridos, ou seja, glucose e frutose, a partir do açúcar comum, mais precisamente da sacarose. Esta mistura é um açúcar inerte e é muito utilizada na indústria alimentar. Como cristaliza muito, as compotas e os xaropes não se transformam em açúcar quando armazenados. Coloque 10-20 ml de uma solução ligeiramente doce num tubo de ensaio ou num copo, adicione algumas gotas de ácido clorídrico e aqueça-a num banho de água a ferver durante 10-15 minutos. Neutralizar o ácido com carbonato de magnésio. Depois de as bolhas de gás terem parado, verificar com um indicador se o ácido está completamente neutralizado e, se necessário, provar o líquido parado. Trata-se de açúcar inerte.

Mel verdadeiro ou...

Uma óptima reação para o amido nas aulas de química é o facto de ficar azul com o iodo. Esta reação pode ser utilizada para obter um produto de qualidade na economia de mercado atual. Por outras palavras, para aumentar o mel vendido no mercado, há casos em que se lhe adicionam batatas. Se quiser comprar mel no mercado, pode determinar a sua pureza através de um método simples. Para isso, é necessária uma solução de iodo em álcool, ou seja, a tintura de iodo, que se vende nas farmácias. Pegue num pouco de mel na mão e deite-lhe uma gota de solução de iodo. Se o mel ficar azul, não é puro. Se mantiver a sua cor e o local onde o iodo cai for semelhante à cor do iodo, então é mel puro. Da mesma forma, pode comprar-se mel verdadeiro.

Para além das experiências acima referidas, podem ser organizadas e realizadas as seguintes experiências:

Garrafa de shot.

Provando que a água se forma quando arde.

Queimar ácido acético com peróxido.

Se parar, explode, se correr, derrete.

Transformar o açúcar em carvão.

A equipa de bombeiros.

Um lenço não inflamável.

Substituição de querosene por água.

Moeda de prata a partir de uma moeda de cobre.

Porque é que a água sobe?

Um fogo sem fósforo, como uma agulha arde.

Bolha voadora.

Fonte obediente.

Acende uma lâmpada de hidrogénio e toca uma campainha.

Onde é que a arma foi disparada.

A água ferve até ficar fria.

Ovo impermeável.

Calor sem fogo.

Porque é que uma flor azul fica vermelha?

Tingir o tecido de cores diferentes com a mesma tinta.

Uma árvore que cresce para baixo.

Extrair a casca do ovo sem a partir.

O papel explode.

Segue-se um exemplo de cenário de actividades extracurriculares intituladas "Alfabeto químico", "Metais e não metais", "Viagem ao sistema periódico" e "Grande país químico do Uzbequistão".

Alfabeto químico

As férias do alfabeto químico são organizadas pelo professor após o estudo do sistema periódico dos elementos. Através do evento, os conhecimentos adquiridos pelos estudantes (alunos) e jovens serão reforçados.

Herald: pessoas, amêndoas a crescer no jardim. Não digam que não ouviram, aqueles que ouviram não sorriem. Hoje, os jovens químicos vão realizar uma "Festa do Alfabeto". Convidamos todos os interessados para a festa. Ei, ei, ei!

Mendeleev e Kimyokhan discutem sobre a ida às férias.

Farmacêutico: Tens de ir?

Mendeleev: Sim, claro. Afinal de contas, eu organizei os elementos na tabela periódica e eles convidaram-me para estas férias. É assim, Golden?

Químico: Bem, e se escolherem um sítio para eles, eu também tenho uma grande contribuição. Eles discutem e vêm para o local onde a festa está a ser organizada.

Mendeleev: Olha para mim, quem são estes? Já te disse onde chegámos, perdemo-nos para não discutirmos muito.

Apresentador 1: Uau, olhem para eles, alguém está a discutir no palco, vamos ver.

Anfitrião 2: Os convidados que convidámos? Paz? Olá, bem-vindos!

Mendeleev: Olá. Então, o meu filho convidou-nos para as "Férias do Alfabeto" do nosso neto Altinoy. Parece que estamos perdidos.

Químico: (olhando para as decorações) Bem, é como se tivéssemos entrado num país das maravilhas. Gold, acho que não estamos enganados.

Líder 1: Não, não estão enganados, a festa que convidaram está a ter lugar aqui mesmo. Agora vão participar connosco na nossa festa de Natal.

Líder 2: Despachem-se, vamos começar a nossa festa, encontrámos convidados.

Líder 1: Olá, queridos convidados da nossa noite, queridos professores!

Líder 2: Olá, queridos pais e colegas.

Líder 1: Caros amigos, felicito-vos sinceramente por este feriado maravilhoso.

Líder 2: Desejamos-vos muito sucesso na aprendizagem da maravilhosa ciência da química. Agora é a vez do professor de química dar os parabéns. Obrigado, professor!

(Saudação do professor)

Líder 1: Obrigado, professor, e desejamos-lhe sucesso na sua atividade pedagógica, no seu trabalho responsável de educar jovens químicos que farão florescer e crescer o futuro do Uzbequistão.

Líder 2: A partir da história da situação dos chifres,

Da narração da mensagem dos sábios

Com o outono, as almas encontram a luz,

Familiaridade com o conhecimento.

Disseram uma palavra de cada campo,

Perfurado como um diamante,

Muita experiência e muito trabalho

Quantas preocupações tem em cada trabalho.

Se acreditarmos na palavra deles,

Se conhecermos e ouvirmos as palavras dos sábios,

Todas as plantas que plantaram,

Inúmeros mel, mel.

Entremos também nesse jardim,

Escolhamos também o fruto doce.

Líder 1: De facto, os nossos professores são como ouro para nós.

Líder 2: Amigos, o Kimyokhan também visitou o grupo. Venham, vamos convidá-lo para o palco.

Jovens químicos: Química, Químico, bem-vindo ao nosso círculo

Químico: Olá, queridos pais e jovens químicos! Felicito-vos sinceramente pelas "Férias da Alifba". Muito obrigado pelo convite para a festa. Chegámos a tempo, não foi?

Jovens químicos: chegaram no momento certo.

Químico: Preciso de vós, meus amigos

Para o rapaz e a rapariga amadores,

Corrige os teus pensamentos,

Solurman bom trilho.

Hoje vou fazer-te algumas perguntas para te testar. Se dominarem bem a química, ficarei convosco, se não, vou-me embora.

1. Os metais e os não metais são apresentados a seguir, separando-os.

2. Os nomes destes elementos estão escritos abaixo, e podes verificar se são verdadeiros ou falsos.

3. Quem consegue resolver 3 palavras cruzadas mais depressa?

(O professor pode preparar as perguntas da forma que entender)

Obrigado, estou feliz por vós. Muito bem, senhores químicos, mostrem-me tudo o que aprenderam comigo. Eu, juntamente com os convidados, vou gostar que demonstrem os vossos conhecimentos químicos, penso que nos vão agradar com os vossos conhecimentos adquiridos.

Jovens químicos: Estamos felizes.

1º apresentador: Vamos agora falar dos elementos que compõem o sistema periódico.

- Nós saudamo-vos,

15 anos é a nossa idade.

- Vamos começar a nossa noite hoje.

Não deixeis um nó nos nossos corações,

- Está na farmácia, Alfibosi

Uma matriz de elementos.

- Vamos conhecê-lo

E vamos espalhar flores na base.

Aluno 1: Amigos, aprendemos o alfabeto na primeira classe e eu não sabia que havia um alfabeto em química.

Aluno 2: Sim, a química também tem o seu próprio alfabeto. Os elementos são as suas letras. Afinal, a natureza que nos rodeia, e até nós próprios, somos compostos por elementos químicos. (Sob a música, os elementos cantam no palco)

Carbono: Quem é que vai começar, há algum azamat? Hidrogénio: (num tom firme, quebrando as fileiras entre os elementos) - Eu começo, não aguento mais.

Elementos: (surpreendidos) Porquê agora tu? Porque é que estamos aqui!

Hidrogénio: (descuidadamente) Oh, tenho de dizer idiotas?

Sou o primeiro da tabela

Não sabes qual é a minha posição?

Dá um passo em frente da linha e gaba-se perante os elementos:

Afinal de contas, eu sou o mais fraco de todos

O meu nome vem sempre em primeiro lugar

Mesmo um grupo enorme Se souberem, sigam-me. Por outras palavras, o meu isótopo

Sou muito mais leve que o ar As minhas propriedades.

o how many Assim que disse que sim, esqueceu-se Há um óxido chamado água

Dois terços da terra Se souberes que o tomaste, é

Oxigénio: O meu nome é Oxigénio

Existe uma criatura viva

Salvarei a tua vida

Dar-lhe vida

Estou orgulhoso, mas tenho razão

Não há vida sem mim

Óxidos e bases

Respira comigo.

Um organismo vivo é a vida comigo. Constituo uma média de 20-21% da atmosfera. Sabias? Quando me combino com elementos, retiro-lhes electrões e formo óxidos.

Obrigado, oxigénio! Sim, se cada um de nós plantasse uma árvore por ano para enriquecer a natureza com oxigénio, isso daria mais vida às nossas vidas. Salvar a vida significa enriquecer a natureza com a nossa riqueza verde.

Carbono: Faço um desenho com um lápis,

Diz-me qual é o segredo

 Sou um lápis num caso,

Carvão num caso.

Até um diamante com uma instituição,

Preciso disso no casamento.

Em termos de simplicidade

Se eu falar demasiado,

Eu sou o mais difícil, o mais barato

Eu tenho um nome especial,

Dizem em latim, carbono.

Toda a vida

Ele está contente comigo.

Dez milhões, nada

As pessoas estão prontas para trabalhar.

(Os alunos que transportam equipamento e fotografias vêm ao palco).

Quem é que vai ser? Qual é o objetivo da sua vinda à nossa festa?

Utensílios e Utensílios: Não nos reconheces? Somos ferramentas e recipientes químicos que ajudarão os alunos a realizar experiências. Nenhum médico ou cientista pode fazer uma experiência sem nós. Estão a ver como temos sorte? Mesmo agora estamos atrasados a fazer experiências. Pedimos desculpa por ele. Se sim, os futuros cientistas químicos estão à tua espera.

"Fumo sem fogo"

Pega-se num tubo de vidro largo, com cerca de meio metro de comprimento, e fecha-se as duas extremidades com uma rolha com uma vareta de vidro inserida no interior. Colocam-se algumas gotas de ácido clorídrico concentrado numa destas varetas e um pedaço de algodão embebido numa solução concentrada de amoníaco na outra. Após alguns minutos, observa-se a formação de um anel branco junto ao tampão ácido. Que tipo de substância pode ser este produto de reação? (cloreto de amónio)
Porque é que este processo acontece instantaneamente?
Porque não misturámos as substâncias. Talvez tenhamos possibilitado que elas se movessem sozinhas por difusão. A razão pela qual o anel branco não se forma no meio do tubo, mas perto do lado ácido, é que as moléculas de amoníaco se movem mais rapidamente devido ao seu pequeno tamanho.

Cristais em crescimento

Provavelmente sabe como fazer crescer cristais deixando cair uma pequena quantidade de sal num fio numa solução salina supersaturada. Agora vamos observar os cristais de cobre em forma metálica.

Não é difícil obter pequenos cristais de cobre. Para isso, basta deixar cair um prego numa solução de sulfato de cobre. No entanto, os cristais são tão pequenos que parecem uma cortina. Para obter cristais grandes, é necessário abrandar a reação para que os átomos de cobre se fixem nos cristais formados. A reação pode ser abrandada da seguinte forma: Coloca-se um pouco de sulfato de cobre no fundo da panela e polvilha-se com um pouco de sal de mesa. Este será um travão para a reação.

Quem é que bateu à porta? O carteiro!

Tenho uma carta para si.

Querem abrir a carta e lê-la, mas não há nada escrito no papel.

Alguém nos enganou.

Um dos jovens químicos apercebe-se do segredo e polvilha a carta com fenolftaleína para revelar os escritos. A carta diz **"Feliz Dia do Alfabeto!"**. E, ao lerem os escritos, dizem: **"Bem-vindo!** De facto, a química é um milagre!

Todos os elementos se juntam num círculo:

O nosso avô Mendeleev

Ele pôs-nos em ordem

Da lei periódica

Apresentámo-nos

Dia após dia estamos na fila

Aumenta sem uma palavra

A conquista da química

Ilumina a vida.

São lançados balões cheios de gás hidrogénio.

A nossa conversa vai continuar

As nossas discussões nunca acabam

Lei periódica nos

Fusão mais cedo ou mais tarde

Caros e respeitados professores, químicos sedentos de conhecimento! Hoje, conheceram os segredos da química milagrosa e alegre dos nossos dias, apaixonaram-se por ela e demonstraram os vossos conhecimentos aos vossos professores e amigos. Antes de mais, gostaríamos de exprimir a nossa gratidão aos professores amáveis e de coração puro, e desejamos aos jovens químicos uma vontade forte, entusiasmo e boa sorte na sua investigação futura e no alcance das alturas da ciência.

Metais e não-metais

Podem realizar-se testes, concursos e discussões ou competições químicas com alunos interessados em química. Em seguida, apresentamos os pormenores aproximados de um concurso deste tipo. Chamamos aos grupos os metais e os não metais.

Grupo de metais

O lema do evento: "A química que aprende os segredos da natureza",

Sempre adorei a química

(Todos os membros da equipa "Metallar" cantam a seguinte canção no palco)

Venham amigos, venham amigos

Bem-vindo ao concurso!

Vamos lutar, vamos lutar

Bem-vindo ao debate

Deixa a melodia tocar, deixa a melodia tocar,

Que a melodia se espalhe, querida

Venham amigos, venham amigos

Bem-vindo ao concurso.

Participante 1: Olá, pessoal,

Saudações, povo feliz

Ela está a desabrochar como uma flor

Que a paz esteja convosco.

Participante 2: Químicos uzbeques Bagri keng

Bem-vinda, querida palavra

Metas do país independente

Saudações do grupo Metallar.

Participante 3: Trouxemos a alegria da primavera

O dia de hoje é dedicado a este prazer

Caros amigos

Saudações de Metallar.

Participante 4: Vamos lá, queridos, vamos ter paciência

Vamos solidarizar-nos com os nossos amigos

Hurriyat, a tocar a melodia da independência

Sejamos um guia no caminho da ciência.

Participante 5: Se seguires as pegadas de Mendeleev, mostra-te.

Um verdadeiro químico está sempre a avançar

Mostre as suas competências e a si próprio

A vontade, a luta e a justiça prevalecerão sempre

Participante 6: O medicamento de Istiklal é absorvido no seu coração

Parabéns, damos-vos as boas-vindas

Químicos de um país livre

Damos as boas-vindas a um coração brilhante

Os metais começam a apresentar-se.

Lítio: Suave, ligeiramente intenso

Eu ardo sob o efeito da água

Pode ser alcalino se entrar em contacto com a água

Armazenado sob óleo

A chama é vermelha

Contém lítio

Ele diz que tem vergonha do sódio macio

Semelhante lítio, potássio,

É possível iluminá-lo com halogéneo

Serão produzidos sais fantásticos.

Sódio: Eu serei sódio

Vou para o espaço

Com os meus raios amarelos

Eu serei uma lâmpada.

Potássio: Tal como tu, tenho sódio

Eu ardo sob o efeito da água

Estou numa combinação qualquer

Serei um fertilizante de qualidade.

Magnésio: A planta não germina

Caso contrário, o fósforo

O segredo da bondade é

O magnésio é estável neste produto.

Cálcio: Chamam-me cálcio

Por vezes, sou uma combinação,

Adicione-o à água

Vou tornar-me alcalino.

Alumínio: Eu sou o alumínio

Eu sou um dos metais

Tecnologia da época

Fico-lhe muito grato.

Ferro: Ferrum, que significa ferro

Sou uma parte do aço e do ferro fundido

Comigo é fácil

Até o trabalho de um agricultor

Vive a vida comigo

Toma conta de mim.

Tungsténio: Não existe lâmpada sem tungsténio.

À noite, não estás cheio de luz

Se não sou, para o calor como eu

Não haverá qualquer elemento duradouro

Se dissermos jóias

Deixem as raparigas ver isto

Vamos falar sobre isso

O seu nome é prata.

Prata: Eu serei argentums

Dizem que a prata não tem preço

Como o meu irmão de ouro

O preço é caro

Mercúrio: Sou fluido e inteligente

Preciso de ti em todo o lado

Chamam-me mercúrio

Os meus vapores são venenosos, impuros

Ouro: O algodão é ouro branco

O petróleo é ouro negro

Contém metais preciosos

Antes da estadia dourada

O meu nome latino é aurum

O meu nome verdadeiro é Gold

Todas as decorações caras

Na verdade, o meu corpo

Urano: Eu sou Urano de mim próprio

Emito raios diferentes

Não consigo ver-vos

Desejo-vos boa saúde

Tem cuidado, meu amigo

Se assim for, não me juntarei

Por mais que eu espalhe os meus raios

É assim que estou vivo.

Agora é altura de fazer experiências interessantes:

"Quem é forte?"

Existe uma regra segundo a qual quanto mais ativo é um metal, mais rapidamente se oxida. Porque é que o alumínio, que é mais ativo que o ferro, é estável no ar? Coloque um pedaço de fio de alumínio num ângulo acima da chama de um bico de gás com álcool. Deixe a parte inferior do fio aquecer. Poder-se-ia pensar que o alumínio se liquefaz a 660°C e que o metal liquefeito se derrama sobre o queimador... Mas é completamente diferente: a extremidade aquecida do fio de repente estica-se e fica pendurada. Se olharmos com atenção, podemos ver que há metal líquido dentro de uma bainha extremamente fina. Esta bainha é feita de óxido de alumínio, um material muito resistente ao calor. A superfície do alumínio coberta por uma camada fina e densa de óxido impede a oxidação do metal.

"Criar cor a partir do metal"

Na nossa vida quotidiana, utilizamos ocasionalmente reacções de formação complexas sem nos apercebermos. Por exemplo, encontramos uma reação deste tipo quando limpamos objectos de cobre até ficarem brilhantes com um pano humedecido numa solução aquosa de álcool, ou seja, amoníaco. Isto é demonstrado pela seguinte experiência: aquecer um fio de cobre e mergulhá-lo numa solução de amoníaco. Simultaneamente, dá-se uma reação de formação de um complexo, formando-se um composto azul-escuro, que se pode observar pela fórmula [Cu(NH)₃₄](OH)₂ . Se a experiência for repetida várias vezes, a solução alcoólica tornar-se-á azul escura.

De seguida, é a vez do grupo dos não-metálicos.

Participante 1: Olá, olá

Tenho um ramo de flores na minha mão

Digo-o educadamente

Olá.

Participante 2: Olá floricultores

Saudações Guljakhans

Dilrabo, um encanto que aquece o coração

Olá queridos convidados.

Participante 1: À nossa noite feliz

Bem-vindo, olá

Com a química

Fica comigo, olá.

Participante 2: A química é necessária

Para rapazes e raparigas amadores

Corrigir os seus pensamentos

Faz um bom trilho

Participante 1: Hoje, meus caros amigos

Falemos de química.

Participante 2: Hidrogénio invisível

Do oxigénio que dá vida.

Participante 1: Beketov, cientista russo

Estudou metais.

Participante 2: substância Lomonosov

Pesado na balança.

Participante 1: O nosso avô Mendeleev fez uma tabela de elementos.

Participante 2: Na página do nosso livro

        Tabela de Mendeleev

        Vive para sempre nos nossos corações

        A sua figura brilhante.

Dois participantes juntos:

Venha para o nosso círculo de amigos, bem-vindo ao nosso círculo

Se te esforçares, hoje são metais, não são matalmas

Vamos viajar até ao mundo dos elementos

Convidámo-lo para a festa dos químicos, obrigado.

Para se apresentarem, os Metallmas sobem ao palco ao som de música.

Hidrogénio: Antes de dizer imediatamente

          Estou quase a explodir

          Estou com pressa, hidrogénio

          A água é macia

          Um serviço à paz.

          Motores em funcionamento,

          Ganhe sempre respeito.

Experiências: Exposição do zinco a ácidos e queima de hidrogénio.

Hélio: Eu sou hélio, inerte

A família é composta por seis pessoas

Estamos prontos para a técnica

Acreditar na lâmpada.

Berílio: Eu serei Berílio

Estou a usar um body esmeralda

Humildade a toda a hora

Porque em amphoteram.

Silício: Utilização doméstica

Avós a beber chá

Taças de porcelana

Por vezes, partem-se

Serei de silicone

O meu coração de vidro transparente

Para o meu povo como porcelana

Desejo servir.

Nitrogénio: O mais necessário

Precisamos de oxigénio

Muitos tipos de plantas

Absorve o azoto.

Cloro: Eu serei Chloros

Apanho as cores rapidamente

Eu próprio não mudei

Estou no meu lugar.

Nota: Se eu falar do meu carácter, vou

Eu também não serei líquido

Cristal e vapor

Não me vou embora sozinho

Se eu não conseguir, a culpa é minha

Lento para os membros

O touro começa a ficar doente

Ele tem uma dor de garganta.

(Na condição seguinte, serão colocadas 18-20 perguntas a ambas as equipas, que deverão responder de forma rápida e precisa. As perguntas podem ser dadas aos dois grupos por escrito ou oralmente. Apenas lhes deve ser dado o mesmo tempo). Abaixo são apresentados exemplos de perguntas:

Para o grupo dos metais

1. Em que grupos se dividem os hidróxidos? (bases, alcalinos, anfotéricos)

2. Que ácido fraco é considerado um veneno forte? (ácido cianídrico)

3. Qual é o nome do elemento que corresponde ao nome latino da Terra? (telúrio)

4. Qual é o nome do elemento que corresponde ao nome grego da Lua? (selénio)

5. Que metal é líquido em condições normais? (mercúrio)

6. Em que água é que as batatas não se afundam? (em água salgada)

7. Que metais ardem quando tocados pela água? (potássio, rubídio, césio)

8. Que ácido não pode ser armazenado num recipiente de vidro? (ácido fluorídrico)

9. Com que metal se pode escrever uma carta? (chumbo)

10. Qual é o metal mais pequeno? (cromo)

11. Quais são os metais mais macios? (metais alcalinos)

12. Qual é o metal mais leve? (lítio, p=0,53)

13. Qual é o metal mais pesado? (ósmio, p=22,5)

14. Que metal branco não pode viver sem uma planta? (magnésio)

15. Com que sal é que escrevemos no quadro? ($CaCO_3$)

16. Em que parte do sistema periódico se situam maioritariamente os metais? (na parte inferior)

17. De que tipo de metal é feito o fio que está dentro da lâmpada? (tungsténio)

18. Quantos elementos existem no segundo período? (8)

19. Nome da pedra preciosa que contém alumínio

20. Quantos lantanídeos existem? (14)

Ao grupo dos não-metais

1. Qual é o instrumento mais utilizado nas experiências químicas? (tubo de ensaio)

2. Que equipamento especial é utilizado para gerar CO_2 ? (aparelho Kipp)

3. Qual é o não-metal que é líquido em condições normais? (bromo)

4. Que substância simples é considerada um gás pesado? (radão)

5. Qual é a forma alotrópica do oxigénio? (ozono)

6. Qual é o líquido mais leve do mundo? (hidrogénio)

7. Que substância química é considerada o pão da química? (ácido sulfúrico)

8. O que é que torna a água límpida turva quando exalada? (água limpa com cal)

9. Que gases podem ser utilizados para extinguir a combustão de gases? (CO_2 , SO_2)

10. Quantos neutrões tem o hidrogénio? (não)

11. Qual é a quantidade de azoto na atmosfera? (78%)

12. Que gases respiram as plantas? (O_2)

13. Qual é a maior valência do azoto? (IV)

14. Qual é a densidade do CO2 em relação ao hidrogénio? (22)

15. O fósforo pertence a que grupo? (5)

16. Quantos alatropos diferentes tem o carbono? (3 tipos)

17. Qual é o principal componente do ar? (azoto)

18. Qual é a fração mássica de azoto na atmosfera? (75.5%)

19. O elemento chamado "portador de luz" em grego? (azoto)

Depois disso, todos os participantes sobem ao palco e, entre as duas equipas, há um jogo de palavras (bahr-bait a partir de palavras químicas, criação de elementos a partir de nomes de grandes cientistas, formação de termos químicos a partir das letras dadas, etc.) e um debate de capitães (experiência o (dizer de forma poética, responder a perguntas, analisar uma solução desconhecida, etc.) pode completar a competição química.

(Por exemplo: criar termos químicos a partir das letras dadas).

Atribuição ao grupo de metais: NNNAAAALLLLIIYYTTTR

Responde: LANTANO, TÁLIO, SÓDIO.

Atribuição ao grupo metallmas: LLLLTTTTIIYEURNAA

Responde: LÍTIO, TELÚRIO E TÂNTALO.

Todos os anos, a 19 de fevereiro, pode organizar uma festa dedicada à descoberta da lei periódica e do sistema periódico dos elementos. Estes eventos podem ser designados por "Viagem à Tabela Periódica", "Mendeleev e nós", "Elementos e Química", etc. Consideremos o seguinte cenário como exemplo, que o professor pode alterar em função das suas competências.

Uma visita à tabela periódica

Rapariga: Olá, céu azul-turquesa

Olá professores, caros convidados

Hoje não és um convidado no círculo dos humildes

As cabeças estão inclinadas em respeito por vós.

Jovem: Corações e corações

A lealdade termina sem nome, nome, nome

Da luz profunda do sol da manhã

Trouxemos convidados, saudações para vós.

Rapariga: Bem-vindos à nossa festa "Viagem à Tabela Periódica"!

Guy: Vamos ouvir uma palestra sobre o tema "Viagem à Tabela Periódica".

Rapariga: Nem toda a gente sabe por que razão os elementos do sistema periódico de Mendeleev são designados por um ou outro nome. Por exemplo, alguns dos nossos leitores podem não ter percebido o facto de 21 dos 109 elementos terem nomes de continentes, países, regiões e até de pequenas aldeias. Por exemplo, elementos como o #63 Europeu (Eu) e o #95 Americano (Am) têm o nome dos continentes da Europa e da América. O #29 cuprum (Cu) é o nome latino para o cobre, e este termo deriva do nome da ilha de Chipre, que era rica em depósitos de cobre nos tempos antigos. O Rénio #75 tem o nome da Renânia, ou seja, da região do Reno, e os elementos #44 ruténio, #32 germânio e #94 polónio têm o nome da Rússia, Alemanha e Polónia. A Escandinávia e a França têm sorte neste aspeto, pois dois elementos têm o seu nome: #21 escândio (Sc) e #69 túlio Tm, #31 gálio (Ga) e #87 frâncio (Fr).

Guy: No século XVII, foi obtido um pó por evaporação de algumas águas minerais, originário da região de Magnisil, na Grécia, e designado por "magnésia branca", por oposição à "magnésia negra". O metal produzido por eletrólise a partir deste pó é também designado por Magnésio (Mg) nº 12.

Rapariga: A cidade, que é uma das maiores capitais da Europa, chama-se Paris (latim: Lutesius). Estocolmo chama-se (holmium) e Copenhaga chama-se (hafnia). Na tabela periódica, estão relacionados pelo nome. Existem também os elementos #71 lutécio (Lu), #67 hólmio (Ho), #72 háfnio (Hf).

Guy: Cientistas americanos que trabalham na Universidade da Califórnia em Berkeley deram à cidade e à Universidade o nome dos elementos Califórnia #98 (Cf) e Berkeley #97 (Bf). O elemento estrôncio #38 (Sr) encontrado nas proximidades recebeu o nome de uma pequena aldeia escocesa conhecida como Strontium.

Rapariga: O local chamado Ytterby, perto de Estocolmo, é o mais sortudo. Os quatro elementos ytterbium (#70), yttrium (#39), terbium (#65) e erbium (#68) têm o seu nome. Repetindo, há três últimos elementos obtidos a partir do mineral itérbio, as três ligações do nome do mineral são itt, terb e erb.

Rapaz: Mais 8 elementos são designados corpos celestes.

Hélio - hélios do Sol (#2 He)

Selénio - selena de Moon (#32 Se)

Telúrio - tellus da Terra (n.º 52 Te)

Uranus - de Uranus (No. 92 U)

Neptúnio - de Neptuno (#93 Np)

Plutónio - De Plutão (#94 Pu)

Paládio e cério, isto é, de grandes asteróides #58 e #46.

Rapariga: Além disso, o sistema periódico de Mendeleev tem nomes de pessoas e até nomes de elementos com nomes de heróis mitológicos. Elementos como o titânio #22, o tântalo #73, o nióbio #41, o promécio #61 têm nomes de personagens específicos. O cobalto #27 e o níquel #28 estão associados a espíritos malignos das montanhas. O vanádio #23 e o tório #90 têm o nome da deusa Vanadis e do deus Thor da antiga mitologia nórdica. Não é necessário comentar o nome dos elementos Curie #96, Einstein #99, Fermi #100 e Kurchatov #104.

Jovem: Os elementos não confirmados Nobel #102 e Lawrence #103 têm o nome do fundador do Prémio Nobel, o químico sueco A. Nobel e do físico americano E. Loures, inventor do ciclotrão. Finalmente, o gadolínio #64 tem o nome do engenheiro russo V. M. Samarsky, que descobriu um mineral chamado samarsky nas montanhas de Ilmen.

Rapariga: Agora vamos ouvir a conversa dos elementos.

Oxigénio: O meu nome é Oxigénio

A natureza é a minha mina

Não há vida sem mim

Nem mesmo uma planta cresce.

Nitrogénio: Chamam-me Nitrogénio

Se é uma planta, é uma planta

Eu serei o seu sangue, a sua alma

O agricultor está contente comigo.

Fósforo: Branco quando aquecido, depois vermelho

E volta a ficar preto

À espreita no escuro

Eu tenho uma propriedade.

Enxofre: sou pó, cor dourada

Não dissolver em água

Derreto-me no calor

Eu dou-vos a borracha.

Carbono: No diamante,

No osso do carvão,

No núcleo da grafite

Eu tenho o original.

Hidrogénio: Chamam-me gás leve

Recebem fertilizante de mim

Se eles arderem, eu arderei

Eu dou água pura.

Tipo: Comida cozinhada numa panela

É apenas química

Tomar com cuidado

Depois, mastiga-se devagar

É bom acrescentar mais

Ver o milagre da química

Passemos a uma experiência química.

Rapariga: As propriedades dos metais são muito diversas. Um é leve, outro é pesado, um é mole, outro é duro, um é facilmente liquefeito, outro é difícil de liquefazer, etc. Vamos ouvi-lo dos próprios metais. Obrigado!

Com o relato de sete planetas diferentes

Criado com sete metais diferentes, o mundo

Cobre, ferro, estanho, chumbo, ouro

Ele forneceu-nos prata

O pai deles conhece o enxofre

Lembre-se sempre disto também

Mercúrio é a mãe de todos!

Ouro: Eu sou o sol dos metais

Chovia do sol.

Prata: E eu sou a lua deles

O meu nome é Silver

Mercúrio: Eu sou o filho de Mercúrio

Mercúrio, uma substância líquida.

Cobre: Eu sou a luz de Vénus

Ele criou para o homem.

Ferro: de Marte, desconhecido

Eu serei esse ferro.

Tin: O meu nome é Tin, sabem

Júpiter é o meu lugar.

Liderar: Venho de Saturno

Chumbo não sabia

Sódio, lítio e alumínio juntos:

E nós somos filhos da Terra

Os alquimistas não encontraram,

 Rapariga: Toda a gente é orgulhosa de si própria

Ele quer passar a palavra

No mundo dos milagres

Cada um tem o seu lugar

Ouvir um pouco demais

O mercúrio começou.

(Continua a conversa)

Mercúrio: Eu sou um metal líquido, o meu nome é mercúrio

O meu pescoço estica-se, o sol aquece-me o corpo

O meu valor não é menor do que o dos outros, amigos

Até o ouro derreteria se caísse no meu colo.

Ouro: É isso mesmo, gabas-te de mercúrio

Derreteu-me num instante

Mas eu sou passivo

Ácido neutro

Por isso, meus amigos

Utiliza-o em tudo.

O meu ouro é a moeda mais preciosa,

Preciso de um novo para si

Depois apanham-me

Olhem para todos.

Sódio: Eu sou o sódio, um metal ativo

Sou branco, brilhante

O meu peso não é muito elevado

A corrente flui melhor

É por isso que é feito

Um grande negócio da minha parte

Até fui dar um passeio

Um planeta muito, muito distante.

Ferro: O meu nome é black metal

Mas eu sou o verdadeiro metal

A cor do meu aço é branca

Preciso mesmo de metal

O meu aço é excelente

Ferramentas são ferramentas

Pronto para martelar

Será o equipamento necessário

O ferro fundido é muito mais frágil

Mais difícil de martelar

Se moldar

O forno e o fogão estarão prontos.

Prata: Sou prateado, branco, brilhante

Estou muito confuso

A corrente flui muito bem

Mas eu tenho uma passividade

Tenho um valor de ouro

É melhor do que eu

Até as pessoas ricas fizeram ferraduras comigo.

Lítio: Eu sou o metal mais leve

Não podes fazer nada contra mim

Como o sódio, eu também

 Até uma faca pode cortar

Porque sou da mesma geração que ele

Metais alcalinos

Apresentamos as suas propriedades.

Cobre: O cobre é um metal desejável

Os pormenores são diferentes

Jóias para pratos

Fundição, até uma estátua

Agora em rádio, tecnologia

Sou muito utilizado

Porque está a conduzir corrente

Também estou à frente.

Tin: O meu nome é Tin

A minha cor é o branco, o prateado

Desde tempos muito antigos

Conhece-o bem

O meu peso é muito elevado

Não muito difícil

Se cobrir o ferro

Então estes são inoxidáveis.

Chumbo: A cor é cinzenta e brilhante

Eu serei o líder

Uma faca vai-me cortar

Mas preciso de metal

Sou muito pesado

O problema é que não tenho eletricidade

Para criar um acumulador

Mas ele usa-me.

Rapariga: Tens razão

Não precisamos de si

Se não for

O que estávamos a fazer?

Nós fizemo-lo

Máquina, equipamento

Prepara-te, foguetão

Um colar de ti

A lista é interminável

O seu domínio de utilização

Nenhum poder pode ser dado

A sua propriedade.

Rapaz: Agora os participantes! De acordo com a tradição da nossa noite, convidamo-vos a responder às perguntas do questionário chamado

"Teste os seus conhecimentos"

1. O que é o líquido de Javel? A água na qual estão dissolvidos $NaCl$ e $NaClO$ (KCl e $KClO$) é designada por líquido de Javel.

2. Que metal líquido pode congelar a água? Se o mercúrio líquido arrefecido for colocado na água, esta congela imediatamente.

3. Porque é que a superfície dos autocarros é pintada com tinta bonita (laca)? Para proteger contra a corrosão e dar um acabamento estético

4. Qual é o cristal que não contém chumbo? As garrafas de cristal comuns contêm chumbo, mas o cristal de rocha não contém chumbo, etc.

As perguntas podem ser repetidas.

Podem ser preparados interlúdios dedicados às maravilhas da química para tornar a noite festiva mais alegre. O interlúdio, de que falaremos agora, também pode ser encenado.

Interlúdio "O nosso poeta secou"

Um dia, Efandi viu um homem rico e um imã na rua e começou a chorar.

Efendi: Não digam que eu não ouvi, aqueles que ouviram, não se apressem, eu vou transformar uma moeda de cobre comum numa moeda vermelha, e uma moeda de prata em ouro. Quem quiser vir até mim.

Mulla: Senhor, está a brincar comigo, como é que se pode transformar uma moeda de cobre em prata e uma moeda de prata em ouro?

Eshon: Senhor, não tem vergonha de dizer mentiras nesta idade?

Imã: Tem razão, esta pessoa está a mentir, não é crente.

Efendi: Desculpa, eu não te insultei. Se não acreditam em mim, posso prová-lo. Podemos mergulhar uma moeda de cobre nesta água mágica, e eles ficarão surpreendidos quando virem este fenómeno: - Mas que raio, és tu um mágico? Effendi, podes transformá-la em ouro também?

Efendi: Não se pode transformar uma moeda em ouro de uma só vez, porque é caro.

Eles: Nós pagamos-lhe.

Effendi: Cada um de vós dará 10 cerejas (cada um dá 10 cerejas a Effendi. Efendi dá-lhes a solução no pote e alguns pedaços de enxofre. Vão a correr para casa).

Efendi: Veremos.

Vão para casa e esfregam as moedas de cobre em enxofre.

Eshon: A nossa casa Voidod secou. Efendi vai elogiar-nos.

Mullah: Eu disse-vos, este mentiroso enganou-nos outra vez.

Todos: Infelizmente, o nosso sal secou. Não podemos ir ter com o Qazi e dar-lhe o seu tazir.

Eshan, o Mullah e o Imã Efandi são levados ao juiz.

Efendi responde ao juiz: Lamento, Sr. Juiz, mas as moedas que eles deram não foram ganhas com trabalho honesto. Se fossem encontradas com trabalho limpo e honesto, então as moedas transformar-se-iam em ouro. E as deles transformaram-se em ferro.

Rapariga: Se algo difícil

Ele é um químico

Um líquido em rotação

O líquido é espesso.

É a nossa vez de voltar a experimentar

Em seguida, os rapazes e as raparigas jogam juntos o jogo dos elementos ao som da música (os rapazes penduram papel com metais e as raparigas penduram não-metais sozinhas e, convidando-se mutuamente para o jogo, descobrem qual o elemento que reage com o outro, mostram a introdução)

Sobem ao palco com cartazes de gás inerte e apresentam-se

Somos um gás inerte, um gás raro

O ar é o nosso lugar

O nosso Xeno, o nosso Krypton

Hélio, néon, árgon.

Há também o radão, o nosso irmão

Preencher as nossas fileiras

Tem propriedades radioactivas

Tenham cuidado com ele.

Todos nós seis somos uma só alma

Estamos na tabela periódica

O oitavo grupo é o nosso lugar

Completaremos o período.

Não vamos reagir

Também não praticamos a imoralidade

Mas é mais limitado do que isso

Temos mais xénon.

Os seus compostos

Fluorados, oxigenados

É bem conhecido por nós

O óxido de xénon (VI) é um oxidante forte

Forte explosão quando aquecido

Para fragmentar gases

Quanto ao rádon

A substância é radioactiva.

Todos os participantes sobem ao palco e lêem em conjunto um poema para exprimir a sua gratidão pela química.

As ruas são brilhantes

A razão é a química

A nossa vida é próspera

A razão é a química

A cultura cresce de ano para ano

A razão é a química

O nosso corpo é perfeito

A razão é a química

O gás arde na nossa casa

Este é o dom da química,

A minha irmã usa cetim

Este é o dom da química,

A sobremesa na mesa

Este é o dom da química,

Doce

Este é o dom da química,

No livro que tenho na mão

O boro é uma propriedade da química

Com pressa no espaço

Contribuição da química do boro

Obrigado por tudo

Química do parceiro pessoal

As pessoas estão satisfeitas com o vosso serviço

Química realmente útil.

Os alunos realizam eles próprios as cenas, aprendendo assim não só a química, mas também a cultura do discurso.

Os químicos celebram a última semana de maio como o seu feriado profissional. Podem ser organizadas celebrações sobre "Química e ambiente", "Indústria química e desenvolvimento" e outros temas dedicados a este feriado. Apresentamos um dos cenários hipotéticos para o ajudar a organizar estes eventos.

"O Uzbequistão é um grande país químico"
(cenário químico noturno)

Jornais de parede especiais e slogans são pendurados no local do evento. 20 entusiastas da química alinhados no palco. Os dois estudantes (alunos) à frente seguram uma longa fita de papel branco (a escrita não é visível). Música festiva. Ouve-se a voz do anfitrião da noite.

Caros participantes na nossa noite, fãs da química, bem-vindos à nossa interessante noite de química "O Uzbequistão é um grande país da química"!

Eu tenho uma palavra doce

Uma palavra que todos adoramos

Caros contemporâneos

Olá!

Neste momento, um aluno pulveriza um líquido incolor numa fita de papel. As palavras "CHEMICAL GREETINGS" aparecem na fita.

(Depois de preparar um papel branco comprido e largo, escrevem-se nele as palavras acima referidas com água de cinzas clara ou solução de hidróxido de cálcio meia hora antes do início da klecha, secando-o ligeiramente. O pulverizador é enchido com uma solução indicadora de fenolftaleína).

Aluno 1: O homem precisa de conhecimentos

Há muitas ciências no mundo

Existe, no entanto, a Química

Lol deixa toda a gente.

Aluno 2: Sobre a palavra química

Existem opiniões diferentes

É mágico e misterioso

Há sabedoria nas palavras.

Aluno 3: O Heme desceu do céu

é o nome de um anjo

No passado longínquo

Do lado dos antigos egípcios

Um anjo do céu

Uma loira chamada Heme

Ensinou ciência às pessoas

Ele mostrou o caminho para viver

A lenda misteriosa

Uma lenda até agora.

20 alunos formam uma fila de 4 e começam juntos uma canção alegre.

Somos vinte filhos

As nossas tulipas em flor

Todos nós temos um desejo

Seremos químicos

Uzbequistão independente

Exploração de várias riquezas

Zarafshan, que encontrou ouro

Seremos químicos

O meu país é uma mina de riquezas

Um lugar sem igual no mundo

Dedicado ao meu país

Seremos químicos

Somos jovens e impacientes

O coração bate como conhecimento

Todos nós temos um desejo

Seremos químicos

Um lugar conhecido no mundo

Um gordo, um gordo deserto

Golden Oasis Zarafshan

Seremos químicos

Somos vinte filhos

As nossas tulipas em flor

Todos nós temos um desejo

Seremos químicos.

(As crianças abandonam o palco uma a uma).

Apresentador: Agora é altura de ouvir o zumbido dos compostos químicos.

(Os "compostos químicos", com os seus nomes escritos num papel à volta do

pescoço, alinham-se em fila e apresentam-se recitando um poema).

Amoníaco: Tenho lágrimas nos olhos

Não te preocupes contigo

O melhor fertilizante sou eu próprio

Dar ao agricultor

A honestidade é uma bênção

Existe uma norma, irmão.

Superfosfato: Complemento do salitre

Tu me derrotaste

Quando a colheita é escavada e o solo congela

Lembrou-se novamente

Se o tiveres, é bom

Levedura de superfosfato.

Fertilizante de potássio: Nitrogénio, fósforo em relação

São muito procurados

Mas se não houver potássio

Os frutos serão farrapos

Para cozinhar a tempo

O potássio é definitivamente necessário.

Ácido sulfúrico: Akang ácido sulfúrico

O cavalo está assustado

A bateria também está sem mim

Morto, inestético, sem videiras

Eletrólito é o meu cavalo

Raça muito respeitável

Eu sou um pão industrial

Senhora dos Ácidos.

Óxido de azoto (IV): Vermelho, castanho e malcheiroso

Absoluto mais pesado que o ar

O veneno está no seu julgamento

Como a cauda de uma raposa

Virar e espalhar o gás

Datas de gás residual

A natureza será desgraçada

Não deixes que se apague.

Álcool etílico: Álcool de vinho

O meu nome científico é etanol

Borracha solvente, perfume

Cheirar o mundo

Infelizmente, ele bebeu de mim

É bom aprender

Ele adopta o nome de Drunk

O fígado queima e murcha

Ele morrerá antes da morte

Cuidado com as pessoas

Viver sem álcool é uma regra

Que tenhas uma vida longa.

(Fazem uma vénia e vão para a beira do palco, ouve-se uma melodia alegre vinda de trás do palco).

Apresentador: Caros amigos, o jogo de resposta rápida vai começar.

(As perguntas podem abranger todo o curso de química, apenas damos perguntas sobre o tema "A Natureza e o Homem").

Natureza e pessoas

O público, fã de química, deve responder às perguntas de forma clara. (o público que responde é convidado a subir ao palco, a sua resposta deve ser tão curta e clara como a pergunta) por exemplo:

1. Quem é o fundador da agroquímica, que descobriu a lei da saturação mineral das plantas? (Libig)

2. O que é uma célula microbiana libertada de uma árvore? (fitoncida)

3. O que são os terrecons? (amontoado de fósseis sem valor)

4. Qual é a substância semelhante ao naftaleno, mas insolúvel em água? (antraceno)

5. Qual é o éster complexo da celulose e do ácido nítrico? (nitrocelulose)

6. Qual é o nome histórico do metadioxibenzeno utilizado na produção de corantes sintéticos? (resorcinol)

7. O que é um alcaloide presente nas folhas de tabaco? (nicotina)

8. I radical de valência de Nonann. (Nonil)

9. Solução aquosa de um polímero de borracha. (látex)

10. Explosivo de três letras. (salgueiro)

11. Produto da polimerização ou policondensação de uma substância submolecular. (alcatrão)

12. Substância gorda. (lípido)

13. Substância que transporta a informação genética. (ADN)

14. Polissacárido que forma o invólucro das células vegetais. (celulose)

15. Um bom solvente para a maioria das substâncias, um simples representante das cetonas. (acetona)

16. Grupo funcional presente na maioria dos compostos orgânicos azotados. (grupo nitro)

17. O recipiente mais utilizado em química. (tubo de ensaio)

18. Composto trivalente de carbono. (gás quente)

19. O polímero mais utilizado. (polietileno)

20. O pão da indústria química. (ácido sulfúrico)

Anfitrião: Caro público, convidamos dois peritos em química a subir ao palco. Eles vão testar os seus conhecimentos.

a.   O vencedor é aquele que escrever mais metal num minuto,

b.   O vencedor é aquele que escrever o maior número de não-metais num minuto.

c.   O vencedor é aquele que escrever o maior número de óxidos num minuto.

d.   O vencedor é aquele que escrever o maior número de bases num minuto,

e.   aquele que escrever mais sal num minuto é o vencedor,

f.   o vencedor é aquele que escrever o maior número de fórmulas ácidas num minuto, etc.

Depois disso, é a vez das adivinhas químicas.

Enigmas

Um análogo do gálio

Metal semicondutor

Brilho muito branco

Parece prata

Apenas aço inoxidável

Muito original também

Muito está a ser preparado

Consegues encontrar o meu nome?

(Índio)

A fórmula é a mesma

A massa é a mesma

As propriedades serão alteradas

Substâncias ramificadas.

(Isómeros)

Experimentar os químicos

Kekuleyu, Gerards

O mundo da química orgânica

Teoria da estrutura

Procurar uma e outra vez

Professor de Kazan

Ele criou-a, finalmente

Teoria da estrutura

Quem é o seu fundador?

(Butlerov)

Os carbonos são um

Existem dois hidrogénios

Se houver mais carbono

Aumentar o hidrogénio repetido.

(Homólogos)

São os olhos um do outro

A massa aumenta

Hash entre si

A semelhança é a sua propriedade.

(Alcanos)

É como uma casa

Figura de cinco pontas

É uma mónada para os alcanos

De acordo com as suas propriedades.

(Ciclopentano)

Apenas dois hidrogénios

Os dois carbonos são simétricos

É um dos alcinos

Forte para três jardins.

(Acetileno)

Se for adicionada água ao eteno

Obtém-se o aldeído

Esta é uma reação estranha

Quem é o criador?

(Kucherov)

Se estiver frio, endurece

É pegajoso com o calor

Não se dissolve na água

Mas está cheio de gasolina

Coser com enxofre

Transforma-se em borracha

Este artigo é posterior a isso

Ele está disposto a servir muito

(Borracha)

Tem seis átomos de carbono

Seis átomos de hidrogénio

Há um cavalo maravilhoso

Ele vai limpar o seu nome

Esta substância é fácil de ferver

Líquido odorífero, incolor

Fórmula de estrutura

Não me interpretem mal.

(Benzeno)

Preto, oleoso

58

É um líquido inflamável
Também insolúvel em água
Vários produtos
Gasolina, fuelóleo, ligroína
Fraccionado
Esta substância é de cor preta
Chama-se ouro negro

(Óleo)

Torna uma pessoa cega
Caso contrário, tenha cuidado
Álcool muito tóxico
Como é que ele se chama?

(Metanol)

Solução a quarenta por cento
Não lhe chames aldeído
Não o deixes apodrecer
Como é que ele se chama?

(Formolin)

É obtido a partir de kumol
O Kumol é feito de benzeno
Voltará a formar-se
Uma nova substância é a acetona.

(Fenol)

Mais leve que a água, durável
E a mudança rápida
De álcool ácido
O que é que vai acontecer?

(Ar)

A glicerina é a sua base
Ácido, multi-massa
Sem ele, não há alimentos

Indescritivelmente delicioso

(Gordo)

A água está escondida na composição

O significado é doce

O curandeiro

Para o mundo chamado

(Glucose)

Anfitrião: Agora é a vez das experiências e interlúdios interessantes.

INTERMEDIÁRIOS

1 experiência. Frasco comedor de ovos

Azmiddin: Sattarboy, vem comigo

Olha para o meu frasco

Ele tem um grande apetite

Ele é o maior comedor de ovos

Ahliddin: Ele estará em casa

Quem acreditará na tua palavra

Qual é o seu aspeto?

Azmiddin: Se ajudares, verás

Tu próprio serás uma testemunha

 Vá lá, mata a casca do ovo

Põe-na na minha boca

Vamos lá, salsicha, salsicha

Ganhe o seu destino rapidamente.

Ahliddin: Vemo-nos agora

Não nos podem vencer

(O ovo começa a entrar no frasco)

Sim-sim começou

O frasco foi lançado

Há algum segredo nisto

É preciso perguntar a alguém.

Azmiddin: Vamos lá público

Os meus amigos divertidos

Porque é que o ovo é moído no frasco?

Conta-me o segredo

(Neste momento, o Alquimista entra em cena)

Alquimista: Olá, meus filhos

O segredo é muito simples

Ouvir a explicação

O líquido no balão

É uma solução alcalina

Igualmente metade do frasco

Dióxido de carbono

Será preenchido

Torna a sua boca apertada

Anidrido com álcali

Adicionar sal

Dentro do frasco

O ar rarefeito permanece

Pressão atmosférica

Pressionar o ovo para baixo

Percebem?

Experiência 2. Fonte vermelha a partir de água incolor

Elmurad: Olá meu amigo, como estás?

Ir para o trabalho

Para perguntar se há tempo.

Bekmurad: Olá

Venham, meus caros amigos

Ver a Fonte Vermelha

Shakir: Uma fonte vermelha a partir de água incolor?

Quem pode acreditar que

Bekmurad: Vê com os teus próprios olhos

Pensar com fé

Melhor a razão

Pensar numa explicação

O resto é estranho

O mais importante é a essência.

(Faz a experiência)

Elmurad: Ei, aqui está o espetáculo

Esta é uma fonte verdadeira

Queres que te conte um segredo?

Grandes ideias

Bekmurod: Dizer adeus ao meu amigo Elmurad

Balli para os sábios.

Pérola: Para a água no cristalizador

Adicionar fenolftaleína

É um indicador incolor

Para o frasco em Balan

Cheio de amoníaco gasoso

Dissolve-se num litro de água

Um lote de 700 litros.

Experiência 3. A serpente faraónica e o vulcão sobre a mesa

(Atualmente, existem muitos vendedores de produtos de tabaco nas ruas e é possível lutar contra o tabagismo entre os jovens através da anti-propaganda).

Caixas de cigarros de diferentes marcas estão à frente do vendedor. O pó que se encontrava no interior de um cigarro foi retirado e substituído por rodanite de mercúrio. Outro recipiente contém bicromato de amónio.

Ahad: Que tipo de cigarros é que tem?

Vendedor: Querido, que tipo de cigarros queres, "Wills", "LM", "Palmal", "Kon", "Kon Light".

Ahad: Dá-me um Khan.

Vendedor: Aqui está um favor.

Ahad: Há alguma correspondência?

Vendedor: Vai, vai, querida, aqui. (Ele acende um fósforo, Ahad acende um cigarro e, antes de o pôr na boca, começam a sair cobras do cigarro).

Ahad: O que é que me deram, porque é que me estão a tentar matar? Eu já não fumo nada, dá-me um bom nariz.

Vendedor: aqui, aqui, minha filha, vou dar-te um nariz, há um nariz de Bukhara, um nariz de Tashkent, um nariz do vale, qual deles queres,

Ahad: Dá-me o nome de Bukhara.

Vendedor: Vou prepará-lo agora, minha filha (deita bicromato de amónio na panela e acende-a)

Ahad: Sim, sim, o que é que estão a fazer, o que é que têm reservado para mim?

Agora já nem sequer fumo cigarros.

Abrimos os nossos olhos para a ciência da química

Ele abriu o caminho para a ciência, para o céu, para nós

O iluminismo espalhou o sol do mundo

O tempo é uma ciência quando se é jovem.

Apresentador: É por isso que a festa química de hoje, intitulada "O Uzbequistão é um grande país da química", chegou ao fim. Agradecemos a todos os estudantes e professores que visitaram o nosso círculo.

Abrimos os nossos olhos para a ciência da química

Ele abriu o caminho para a ciência, para o céu, para nós

O iluminismo espalhou o sol do mundo

O tempo é uma ciência quando se é jovem.

Apresentador: É por isso que a festa química de hoje, intitulada "O Uzbequistão é um grande país da química", chegou ao fim. Agradecemos a todos os estudantes e professores que visitaram o nosso círculo. Felicitamos os químicos pelas suas férias profissionais. Desejamos-lhe sorte no seu futuro trabalho milagroso. Adeus, tenham saúde. (A música toca e todos dançam).

<u>**UTILIZAÇÃO DE CENAS NOS CÍRCULOS DE QUÍMICA**</u>

Para tornar as actividades extra-curriculares de química mais interessantes, para reforçar os conhecimentos dos alunos, para realizar vários jogos químicos ou perguntas e respostas, bahru-bait e experiências interessantes num só evento.

Ver 1

Chama-se "Vamos brincar e pensar". Esta página será desenvolvida em duas fases.

Na etapa 1, fazem rolar os tambores e dão exemplos de ácidos e sais. O árbitro e os alunos do grupo observam e contam.

Na segunda fase, joga-se um jogo de dominó. Neste jogo, presta-se atenção à valência dos ácidos.

Ver 2

A pergunta "Quem é ágil?" chama-se

Os representantes dos grupos começam a formar a fórmula dos ácidos utilizando os símbolos dos elementos escritos aleatoriamente no quadro magnético. Isto demora um minuto.

3ᴱ aparição

Aprender sobre química.

Os alunos relacionam a aula de literatura com a de química.

Por exemplo: cobre-mercúrio-bromo-molibdénio-neodímio-arsénio-xénon-níquel-níquel-lantânio-sódio-iodo-disprósio.

Nesta página, os alunos ganharão se se lembrarem dos nomes do maior número possível de elementos.

4ª participação

"Campo de Milagres".

O objetivo desta página é encontrar a resposta correta para o nome da substância, colocando os elementos colocados aleatoriamente nas células, por ordem VLENEMEIDINEVEYMDILY TINEYZNYISHSHNEYTINZNY

Ver 5

Concurso de capitães

No concurso, é necessário criar uma cadeia de elementos. O aluno que se esquecer das palavras da cadeia perde. O capitão da banda de metal

Hidrogénio-oxigénio-nitrogénio-enxofre-fósforo-sódio-alumínio-cobre-prata.

O capitão do grupo metallmas:

Hidrogénio-oxigénio-nitrogénio-enxofre-fósforo-sódio-alumínio-cobre.

A competição prossegue por esta ordem. As pontuações dos grupos são apresentadas.

6ª participação

Chama-se "Quando as ciências entram na língua como parceiros".

Esta apresentação é dedicada ao lema "Este querido país é de todos nós".

Os alunos com os nomes dos sujeitos dão as suas opiniões sobre o tema dos ácidos

Começou a falar de ciência

2. Língua uzbeque

A língua uzbeque é um património espiritual do povo uzbeque. Os ácidos são substâncias complexas constituídas por um átomo de hidrogénio e um resíduo ácido que substitui os átomos metálicos. De acordo com a estrutura da frase acima, uma frase simples é uma frase indicativa de acordo com o seu significado. Os ácidos têm a forma ácida, e os substantivos das suas categorias receberam o sufixo plural.

3. Língua russa

Кислоту разделяются на две группу: 1-кислродные кислоту; 2-безкислродные кислоту.

4.História

Em 1920, G. Lewis disse: "Os ácidos são substâncias que contêm um par de elementos livres indivisíveis". Depois de completar a palavra ciência, as páginas continuarão a ser publicadas.

Ver 7

"Jovens artistas".

Os alunos escrevem poemas humorísticos inspirados nos temas das aulas de química. Lêem exemplos desses poemas.

O pão da indústria química

A alma do acumulador

O nome é ácido sulfúrico

Mina Navai.

O seu nome é carbonado

Será colorido

Eu bebo-te

Vais-te desmoronar

É por isso que nós

Chamamos-lhe água com gás.

Cinzas alcalinas de zimbro

As utilizações estão nas casas dos uzbeques

Se for superior, é normal

Ele come as suas mãos sem pensar.

Amor químico

Um catalisador para os amantes

Cada momento delicioso que passamos juntos

É um inibidor que arrefece a língua

Dúvidas e suspeitas descabidas

O contacto visual é um indicador

Com o amor aumenta a cinética do amor

A química do amor é difícil

Camarada no caminho do amor

Que o seu par eletrónico seja estável

Até a radioatividade lhe é estranha.

Ver 8

Ácidos no tribunal, ou ácidos nos olhos do absolvido e do acusador.

Nesta página, discutimos os aspectos nocivos e benéficos dos ácidos e as suas áreas de utilização.

A fórmula do ácido nítrico, do ácido sulfúrico e do ácido sulfónico, escrita em tamanho grande, está pendurada no quadro magnético. Ele vai ser apresentado ao júri.

Detractores: As instalações de produção de ácido nítrico e sulfúrico estão a destruir a ecologia do ambiente, os óxidos de azoto (IV) e de enxofre (IV) que saem das suas estruturas põem em perigo a vida humana, animal e vegetal.

Vindicator: tem razão, mas o ácido nítrico é importante para a nossa agricultura, na produção de vários adubos minerais, na preparação de medicamentos, na medicina.

Detractores: O óxido de enxofre (IV), que se distribui no ambiente na produção de ácido sulfúrico, o que diz sobre o facto de o dano do ácido sulfúrico ser que, mesmo que seja derramado, irá corroer a mãe terra?

Justificação: os problemas na produção de ácido sulfúrico são verdadeiros, mas o ácido sulfúrico é importante na preparação de várias preparações medicinais. O mais importante é que o ácido sulfúrico é o combustível da bateria em movimento! Imaginem que os transportes param!

Agente de escurecimento: o ácido clorídrico é um líquido volátil com um odor pungente e é perigoso para a saúde humana.

Réu: Não, não estou totalmente de acordo com a sua opinião. O ácido clorídrico é utilizado para extrair a bílis na preparação de medicamentos.

Até o ácido clorídrico é prejudicial para o estômago humano.

O condenador condenou, o justificador justificou.

Os ácidos foram finalmente justificados, porque o destino dos ácidos está nas nossas mãos.

Julgamento:

Levantem-se, o julgamento está a chegar! (todos se levantam).

Os pareceres finais serão lidos após o estudo dos pareceres do acusador e da absolvição.

Tribunal: O Tribunal Popular de Distrito estudou os pareceres de absolvição e absolvição e as propriedades dos ácidos

Decide:

1. Deverão ser efectuados trabalhos especiais sobre o tratamento dos gases tóxicos libertados pelas instalações de produção de ácidos.

2. Proteger a ecologia do ambiente

3. As propriedades dos ácidos devem ser estudadas e praticadas em pormenor

4. Devem ser criadas zonas de utilização criativa dos ácidos.

5. A tarefa de aprender os segredos da química para a grande família do nosso Uzbequistão independente, que será um grande país no futuro, e de dar o seu próprio contributo aos estudantes, e de o supervisionar, deve ser confiada ao professor de química.

Concurso de químicos

Rapariga: Olá, céu azul-turquesa

Olá, queridos professores, queridos convidados

Hoje não és um convidado no círculo dos humildes

As cabeças estão inclinadas em respeito por vós.

Olá, caros alunos e professores, antes de mais, bem-vindos ao nosso serão de química.

A terra dos rapazes alpinos é a velha Turan

As asas dos escudos querem conhecimento

Sahibqiran, que criou metade do mundo

Os descendentes de Alisher procuram o conhecimento.

Hoje, as equipas mais jovens e ávidas de conhecimento "Al-Kimyo" e "Kimyogar" vão competir. Por favor, apresentem-nas. (apresentado).

Condições do concurso de hoje:

1. Apresentar-se 10 pontos

2. As respostas às perguntas valem 10 pontos

3. 10 pontos pelo conhecimento de termos químicos

4. Viagem à tabela periódica 10 pontos

Os nossos professores visitaram o concurso de hoje depois de o terem observado e avaliado. Apresento-os.

Mesmo quando abdicou, não desmontou

Os seus antepassados construíram um país que nunca viu uma casa

Usava um cinto ao ombro pelo seu país

Os "Rustams" e os "Farhads" querem conhecimentos

Vamos agora começar a primeira condição do nosso concurso.

Para tal, o júri determinará qual a equipa que começará em primeiro lugar por sorteio.

Então, é a vez da equipa Chemist.

Agora é a vez da equipa de Al-Química.

Agora é a nossa vez de convidar os capitães de equipa para a segunda ronda.
Podem escolher as suas próprias perguntas. Serão dados 15 minutos para 10
perguntas. Devem escrever as respostas no papel fornecido.

Perguntas opção A

1. Escreve os nomes dos elementos colocados no nome das capitais e em que
capital estão colocados.

2. Escreve os elementos que têm o nome dos espíritos malignos da montanha.

3. Elementos com nomes de anti-caracteres.

4. Os nomes dos elementos significam preguiçoso e malcheiroso.

5. Explicar os sinais do ponto de vista dos alquimistas.

6. O professor escolhe 5 dos símbolos dos alquimistas.

7. Quais são os significados da palavra química em grego antigo, latim e
chinês?

Pergunta opção B

1. Produtos com nomes de continentes

2. 4 elementos com nomes de cientistas; elementos com nomes de corpos
celestes.

3. Nomes de minerais com nomes de santos da Ásia Central.

4. Desenhar símbolos de acordo com a simbologia de Dalton

5. O professor escolhe cinco símbolos de Dalton opcionais

6. Quais são os significados da palavra química em grego, latim e chinês?

Até que as equipas escrevam as respostas às perguntas com o público,
realizaremos um concurso para o público inteligente.

Ganha quem descobrir primeiro a resposta aos enigmas.

Assim que abrir os olhos, pode passar algum tempo no oceano

Falamos sete línguas

O rei constrói palácios na sua terra natal

Babur e Bekzod querem conhecimento.

Agora é altura de recuar a condição. Ambas as equipas devem revezar-se para mover a letra maiúscula acima delas. A equipa que não conseguir encontrar a palavra para a última letra ganha.

Sois uma comunidade de estudiosos no caminho da verdade

Os seus esforços no caminho do povo

Que a sabedoria de Yassavi ajude

Baba Mashrab disse, pediu conhecimento.

Agora é a vez da quarta condição. Explique a escrita no papel que lhe foi dado. Para tal, ambas as equipas recebem uma soma de 5 letras com os nomes dos elementos ou cientistas das substâncias ocultos (as letras não podem ser aumentadas nem faltar).

Que o exemplo do vosso desejo de conhecimento recaia sobre vós

Deixa que a tua sinceridade brilhe do teu coração

Que uma nação orgulhosa chova depois de ti

As salvações de Mulki turon pedem conhecimento.

Agora é a vez dos nossos professores. Eles vão anunciar os vencedores do concurso de química de hoje.

Queridos e respeitados mentores-mentores, químicos com sede de conhecimento, conheceram os segredos da milagrosa ciência da química de hoje, adoraram-na e mostraram os conhecimentos adquiridos aos vossos professores e amigos.

Antes de mais, gostaríamos de expressar a nossa gratidão aos professores que têm um coração puro. Desejamos aos jovens químicos uma vontade forte, entusiasmo e boa sorte nas suas futuras investigações!

O Uzbequistão é o país dos rapazes alpinos

As asas de uma nação viril procuram o conhecimento

Sahibqiran, que criou metade do mundo

Os descendentes de Alisher procuram o conhecimento.

Respostas às perguntas feitas na noite da química:

Opção A

1. Lu, Ho, Hf.

2. Ni, Ce.

3. Ti, Ta, Nb, Pm.

5. O bromo de árgon preguiçoso cheira mal.

5. Depende dos símbolos selecionados.

6. Sumo em grego, terra em latim, ouro em chinês.

Opção B

1. Europeu e americano.

2. Itterbi, ittiri, terbi e erbi.

3. O hélio é o Sol, o selénio é a Lua, o telúrio tem o nome da Terra, os asteróides V, Np, Pu, Pd, Ce.

4. Berunit, avetsinet, hamrabayevit.

5. Depende dos símbolos selecionados.

6. Sumo em grego, terra em latim, ouro em chinês.

O professor pode alterar e acrescentar algo a cada evento com base no interesse dos alunos e na data do evento. As perguntas devem ser estruturadas de acordo com o nível de conhecimento dos alunos. O evento deve ser interessante e aumentar o número de pessoas interessadas em química. depende da capacidade do professor.

<u>ORGANIZAÇÃO DAS OLIMPÍADAS DE QUÍMICA</u>

A verificação da qualidade dos estudos e dos conhecimentos obtidos em química, a sua aplicação em novas condições, os elementos de perceção e de criatividade manifestam-se nas Olimpíadas. Normalmente, as olimpíadas científicas devem atrair muitas pessoas. A data, a hora e o local das olimpíadas serão anunciados. Para os interessados em química, a Olimpíada é um acontecimento completo. Esperam por ele, preparam-se para ele nas aulas e nas actividades extracurriculares. Nesta altura, os círculos de química ajudam-nos. Nos círculos, estuda-se mais informação sobre os materiais necessários para o programa das Olimpíadas. O principal objetivo das Olimpíadas:

- Aumentar o interesse dos alunos e estudantes pela química;

- Conclusão do círculo, actividades extracurriculares;

- Ajudar os alunos a escolher uma profissão, ajudar os alunos a testar os seus conhecimentos;

As olimpíadas realizam-se em várias fases: Fase I na escola, fase II na cidade (distrito), fase III na região, fase IV na República e fase V à escala internacional. Em cada fase, são criadas questões específicas e o aluno mais forte passa para a fase seguinte. As olimpíadas também podem ser externas, em que os vencedores de ambas as olimpíadas testam a sua força em conjunto após uma determinada fase.

A preparação para os Jogos Olímpicos começa com exposições bem decoradas. Inclui **"Verifique os seus conhecimentos"**, **"Todos podem resolver o problema"**, **"Pense e responda"**, **"Está preparado para os Jogos Olímpicos?"** Além disso, a exposição mostrará os métodos de resolução de problemas difíceis, que literatura deve ser utilizada e o objetivo das Olimpíadas.

O clube de química é o mais próximo e o melhor assistente na preparação e realização das Olimpíadas. Nos círculos, pode aprender-se mais informação do que aquela que é mostrada no programa das Olimpíadas. São estudados vários métodos de resolução de problemas interessantes e lógicos (cálculo, qualidade, experiência). As perguntas da Olimpíada consistem em tarefas de teste, problemas e trabalhos de laboratório. A avaliação do trabalho dos participantes é efectuada com base num sistema de 100 pontos. Neste caso, são atribuídos 50 pontos às tarefas de teste, 20 pontos à realização de exercícios de laboratório e 30 pontos à resolução de problemas. Os juízes devem também prestar atenção à forma como os participantes abordam as tarefas. Os resultados das olimpíadas são anunciados solenemente com a participação de todos os estudantes (alunos) e professores da escola ou na rádio.

SUBSTÂNCIAS MAIS UTILIZADAS EM QUÍMICA

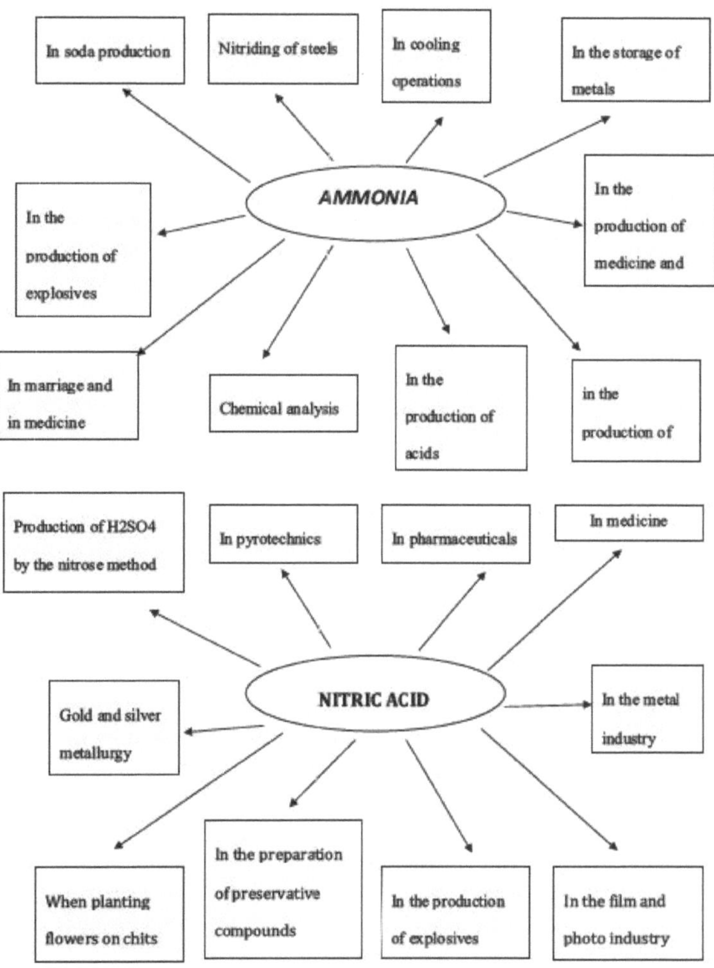

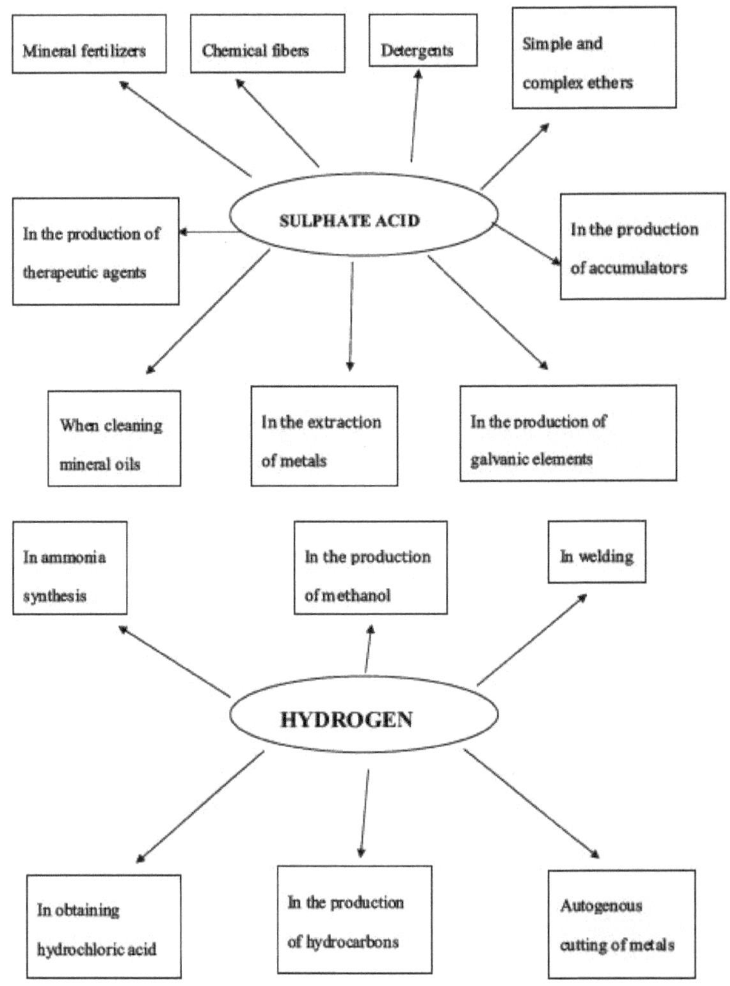

Mineral fertilizers
Chemical fibers
Detergents
Simple and complex ethers
In the production of therapeutic agents
SULPHATE ACID
In the production of accumulators
When cleaning mineral oils
In the extraction of metals
In the production of galvanic elements
In ammonia synthesis
In the production of methanol
In welding
HYDROGEN
In obtaining hydrochloric acid
In the production of hydrocarbons
Autogenous cutting of metals

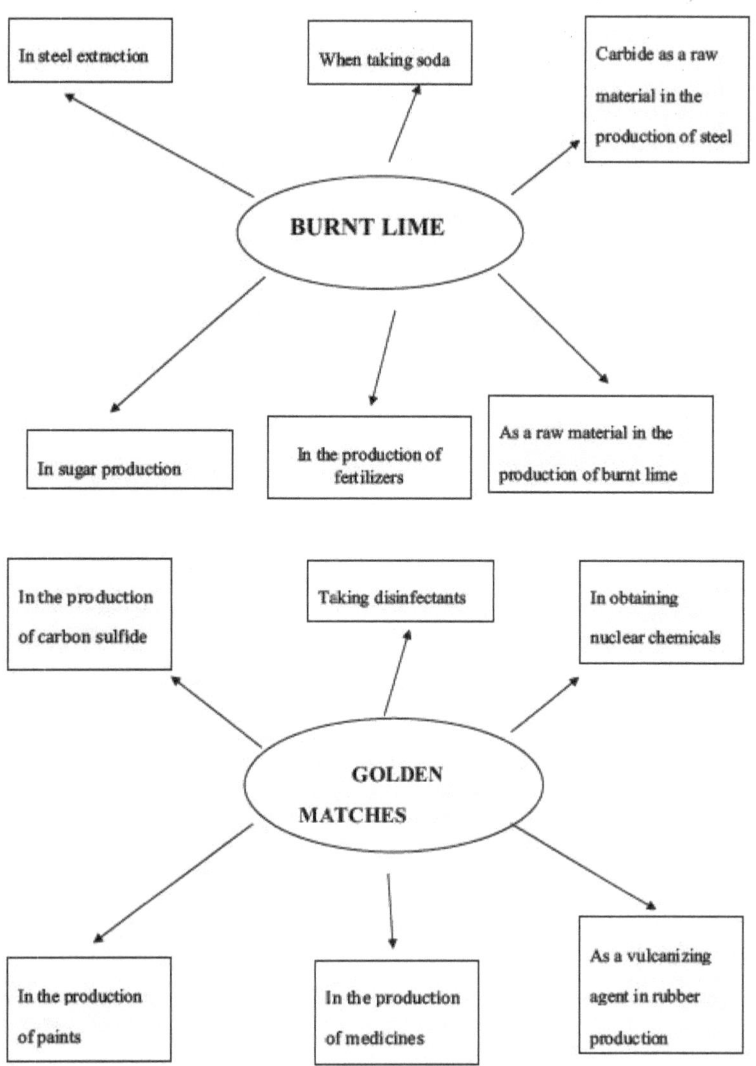
In steel extraction
When taking soda
Carbide as a raw material in the production of steel
BURNT LIME
In sugar production
In the production of fertilizers
As a raw material in the production of burnt lime
In the production of carbon sulfide
Taking disinfectants
In obtaining nuclear chemicals
GOLDEN MATCHES
In the production of paints
In the production of medicines
As a vulcanizing agent in rubber production

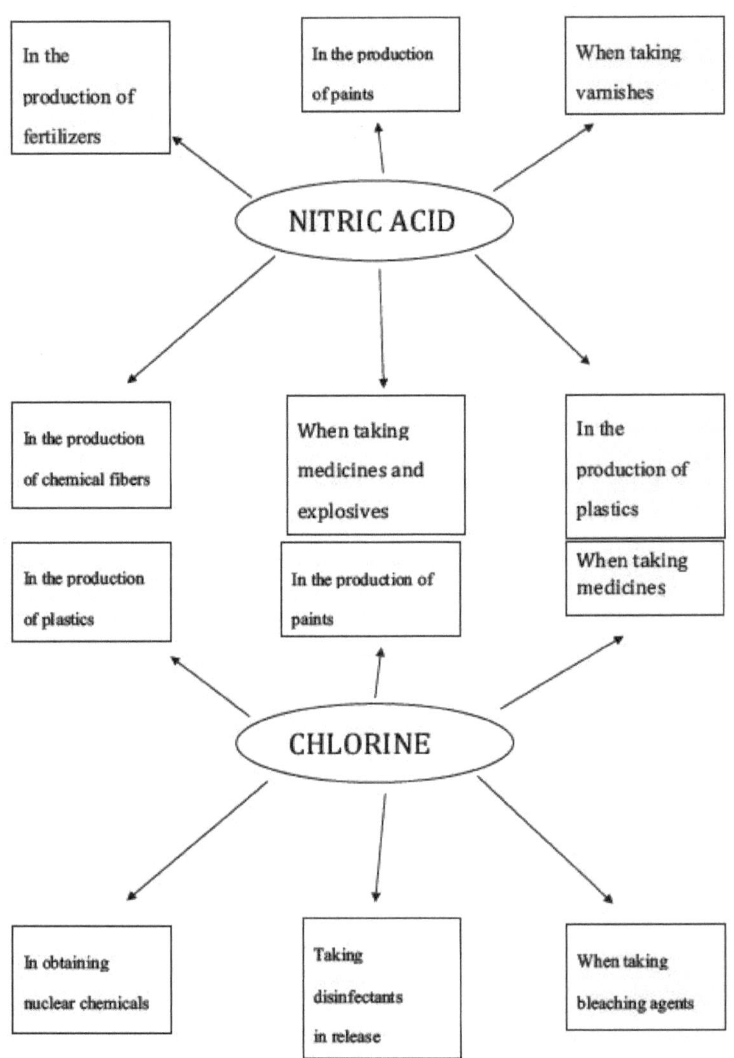

In the production of fertilizers
In the production of paints
When taking varnishes
NITRIC ACID
In the production of chemical fibers
When taking medicines and explosives
In the production of plastics
In the production of plastics
In the production of paints
When taking medicines
CHLORINE
In obtaining nuclear chemicals
Taking disinfectants in release
When taking bleaching agents

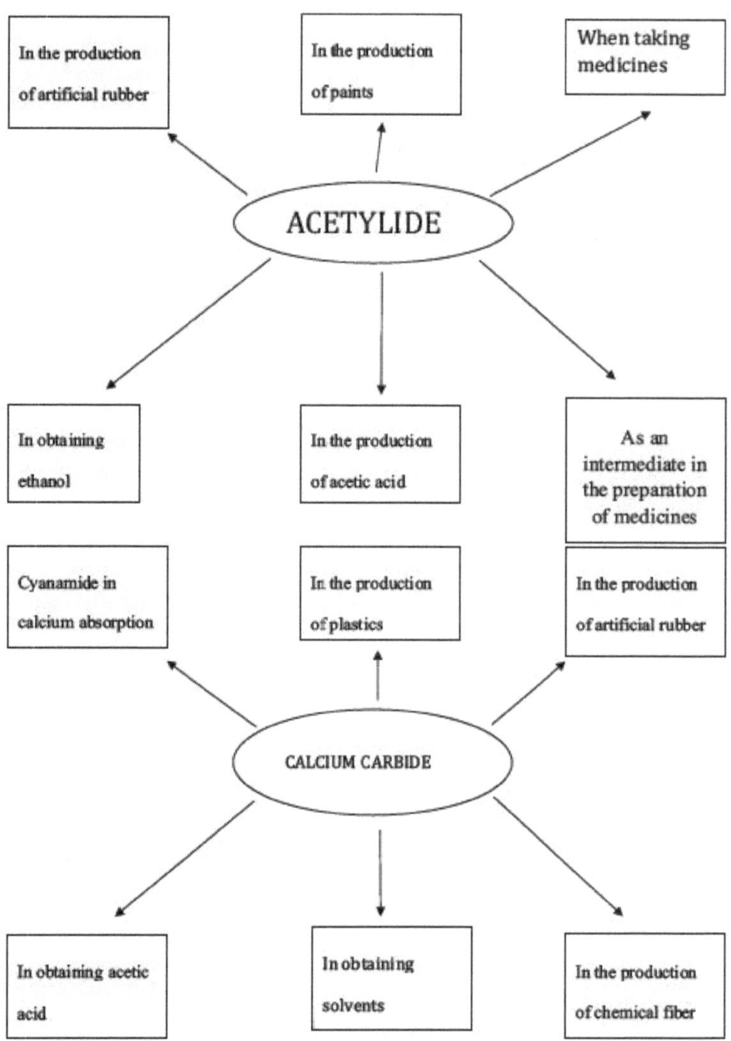

In the production of artificial rubber
In the production of paints
When taking medicines
ACETYLIDE
In obtaining ethanol
In the production of acetic acid
As an intermediate in the preparation of medicines
Cyanamide in calcium absorption
In the production of plastics
In the production of artificial rubber
CALCIUM CARBIDE
In obtaining acetic acid
In obtaining solvents
In the production of chemical fiber

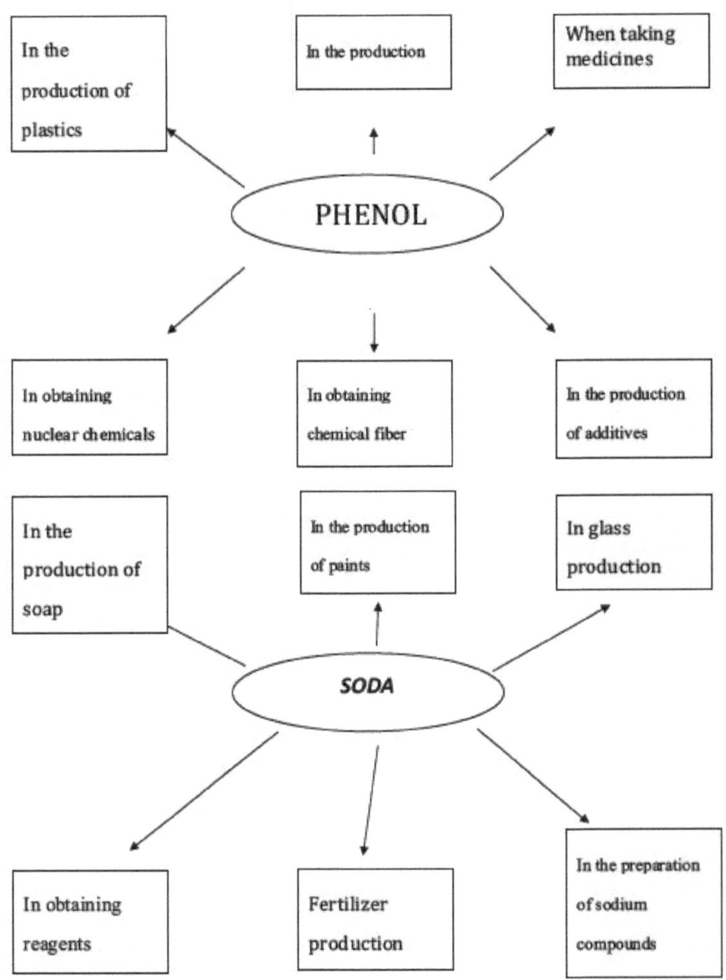
In the production of plastics
In the production
When taking medicines
PHENOL
In obtaining nuclear chemicals
In obtaining chemical fiber
In the production of additives
In the production of soap
In the production of paints
In glass production
SODA
In obtaining reagents
Fertilizer production
In the preparation of sodium compounds

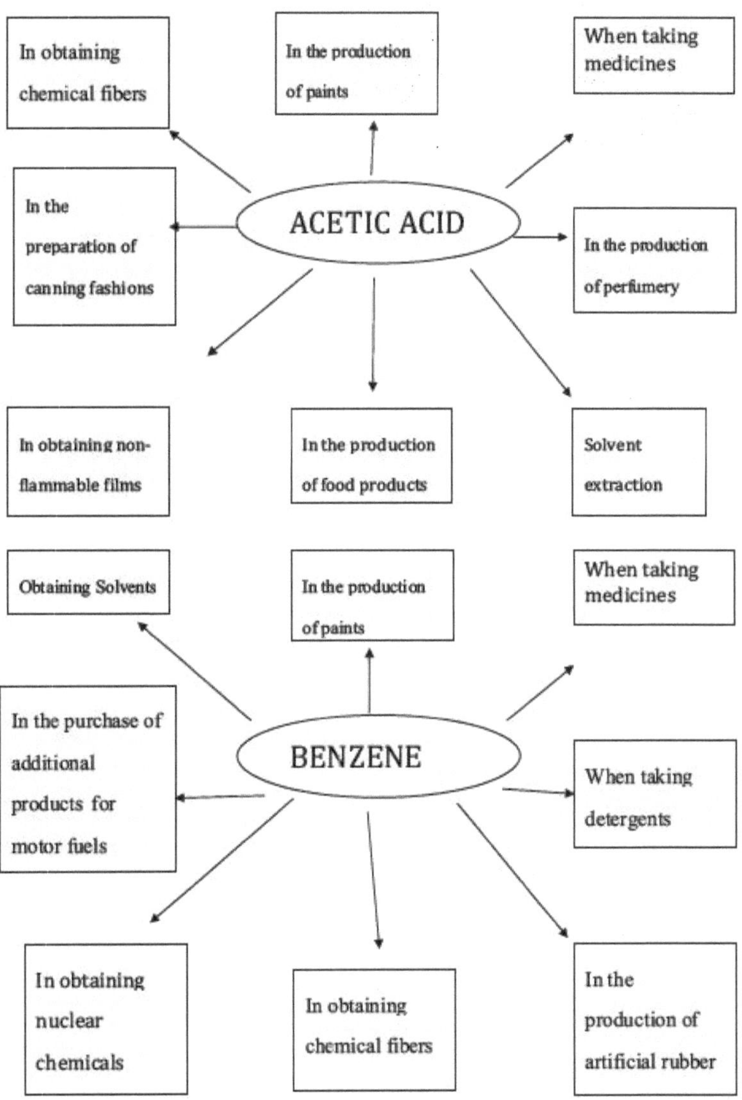

In obtaining chemical fibers
In the production of paints
When taking medicines
In the preparation of canning fashions
ACETIC ACID
In the production of perfumery
In obtaining non-flammable films
In the production of food products
Solvent extraction
Obtaining Solvents
In the production of paints
When taking medicines
In the purchase of additional products for motor fuels
BENZENE
When taking detergents
In obtaining nuclear chemicals
In obtaining chemical fibers
In the production of artificial rubber

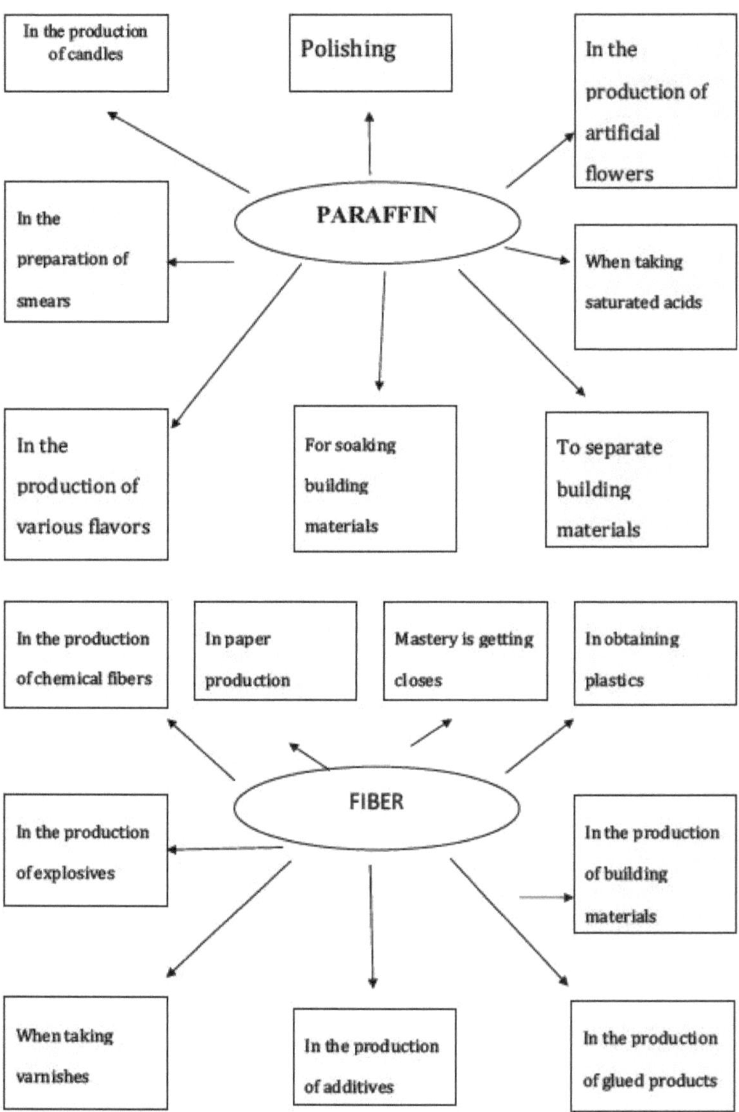
In the production of candles
Polishing
In the production of artificial flowers
In the preparation of smears
PARAFFIN
When taking saturated acids
In the production of various flavors
For soaking building materials
To separate building materials
In the production of chemical fibers
In paper production
Mastery is getting closes
In obtaining plastics
In the production of explosives
FIBER
In the production of building materials
When taking varnishes
In the production of additives
In the production of glued products

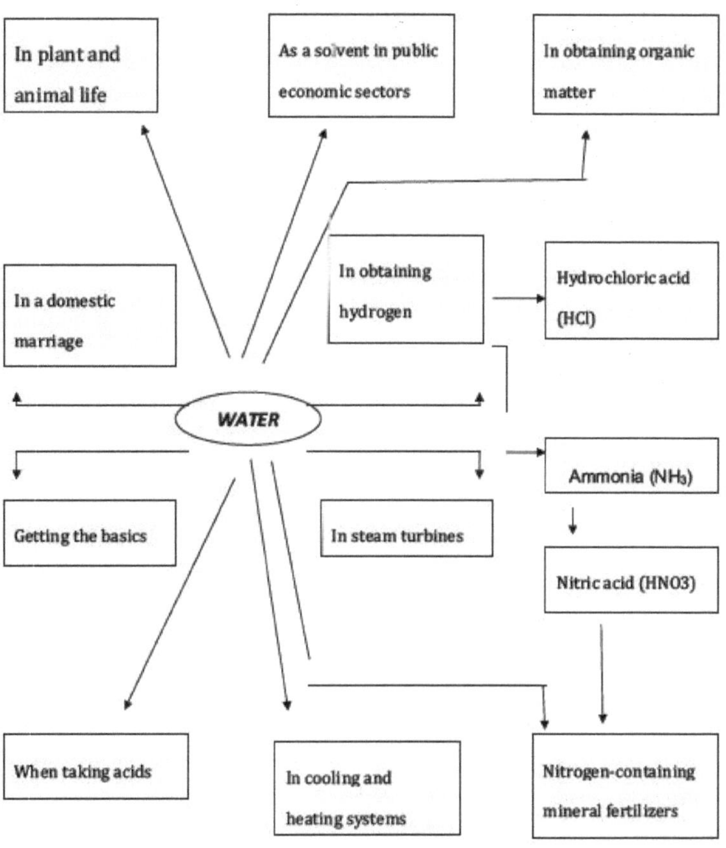

In plant and animal life
As a solvent in public economic sectors
In obtaining organic matter
In a domestic marriage
In obtaining hydrogen
Hydrochloric acid (HCl)
WATER
Ammonia (NH₃)
Getting the basics
In steam turbines
Nitric acid (HNO3)
When taking acids
In cooling and heating systems
Nitrogen-containing mineral fertilizers

DIRECÇÕES

"História do desenvolvimento da química inorgânica no Uzbequistão"

1-Para: 1. Uma partícula elementar carregada positivamente, 2. Um certo tipo de átomos com a mesma carga positiva do núcleo, 3. A razão pela qual os arenos são chamados de hidrocarbonetos aromáticos, 4. O componente mais comum dos fertilizantes, 6. Indicador, 7. N_2O, 9. Estado agregado da matéria, 12. Uma substância constituída por dois elementos, um dos quais é o oxigénio, 14. A energia que deve ser fornecida às moléculas dos reagentes para as transformar em partículas activas, 15. O mesmo fenómeno químico em que as substâncias se transformam noutras substâncias com composição e propriedades diferentes e em que a composição dos núcleos atómicos se altera, 16. Um cientista russo que criou a teoria da estrutura dos compostos orgânicos, 18. Quando os metais se oxidam e se decompõem no ambiente circundante, se não houver corrente eléctrica no sistema, essa decomposição tem o nome de 22.$H S O_{223}$, 25. O cientista que descobriu a anilina, 26. Hidrocarboneto aromático, 27. A principal ligação entre as moléculas da matéria, 30. Cuprum, 31. Moléculas idênticas que se podem combinar numa fila, 33. Uma partícula electroneutra com um núcleo positivo e um eletrão negativo . cuja orbital pode conter no máximo dois electrões, 34. Metal alcalino, 35. D_2O, 37. Os derivados em que o grupo hidroxilo dos ácidos é substituído por um grupo amino são designados por ... destes ácidos carboxílicos, 39. Cientista que provou, através da sua lei, que a água pura do tempo dos faraós egípcios corresponde à água pura dos nossos dias, 40. Qualquer orbital pode conter no máximo dois electrões.

41. Estado agregado da água, 43. Talco.

1-Largura: 1. Substâncias com a mesma composição e massa molecular, mas com estruturas moleculares diferentes, 5. Compostos orgânicos com grupos carbonilo $>C=O$ ligados por dois radicais hidrocarbonetos nas suas moléculas, 6. Grupos hidroxilo nas suas moléculas, benzeno um composto orgânico ligado a um núcleo, 8. A doutrina dos elementos e dos seus compostos segundo a definição de Mendeleev, 10. Substâncias que não reagem com quaisquer elementos e substâncias, 11. O composto orgânico mais simples constituído por carbono e hidrogénio, 13. Alotropia do carbono, 17. Tipo de reação, 19.

Composição do favo de mel, 20. Estrutura das substâncias, 21. Substância formada pela reação do sal e da água, 23. SH4, 24. Gás inerte, 25. Série contínua o tipo de reação que consiste em estados, 26. O produto em que um, dois e três átomos de hidrogénio do amoníaco são trocados por radicais orgânicos, 27. Óxido de hidrogénio, 28. O tipo de reação mais utilizado na indústria e na tecnologia, 29. Olefinas, 32. KCl-MgCl$_2$ -6H$_2$ O, 35. Um composto natural complexo, de elevado peso molecular, constituído por α-aminoácidos, 36. Estado agregado, 37. Substâncias com um grupo hidróxido, 38. Decomposição de uma substância em água ou noutra substância, 39. Nome histórico dos alcanos, 42. O não-metal mais forte, 44. Substâncias sublimáveis , 45. Uma substância obtida da árvore Heveya no Brasil, 46. Fórmula química que exprime a composição do composto, 47. Indicador.

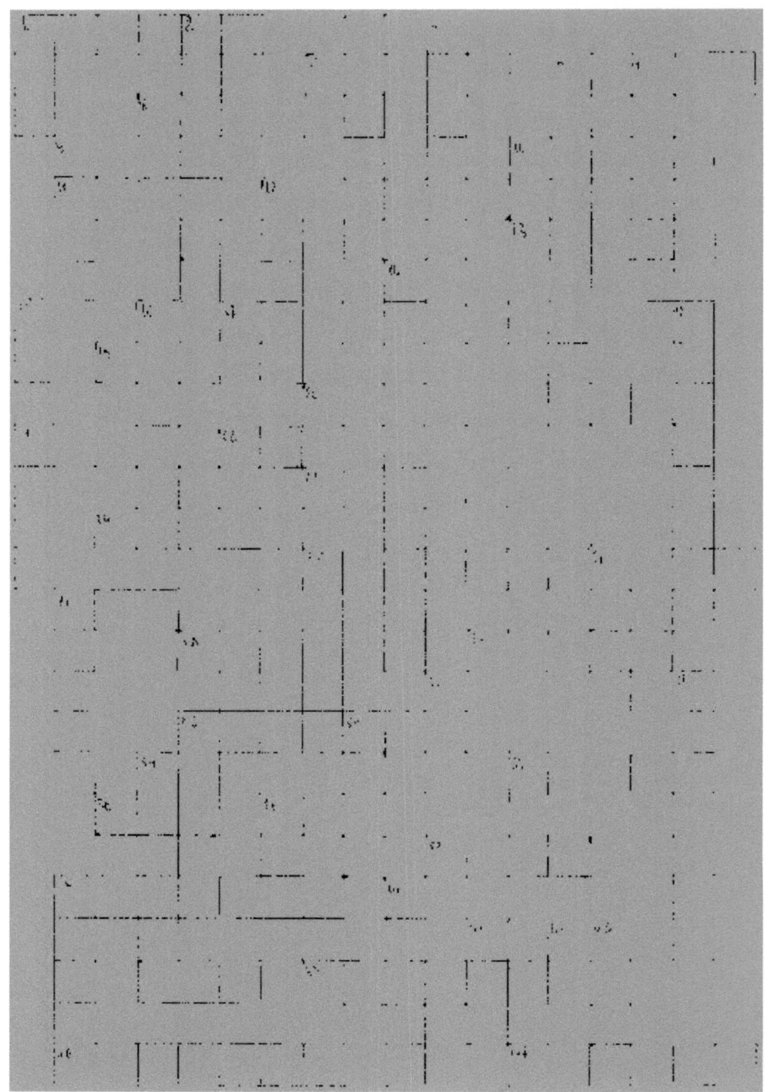

2- Em comprimento: 2. expressar a composição com símbolos, 3. o elemento com o significado do sol, 4. o número sob o símbolo, 5. um dos nucleões.

2-largura: 1. O número à frente da fórmula, 6. Uma das 4 raízes segundo Farobi 7. As cargas nucleares são as mesmas nos átomos.

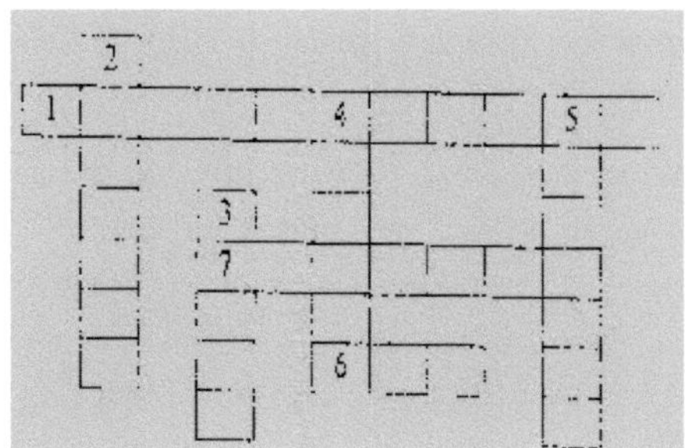

3- **Em comprimento**: 2. o iniciador da reação, 3. uma das 4 raízes, 4. o componente do átomo, 7. o estado de uma substância simples.

3- **largura**: 1. passagem de uma substância para outra, 5. uma partícula em torno do núcleo, 6. composição do corpo.

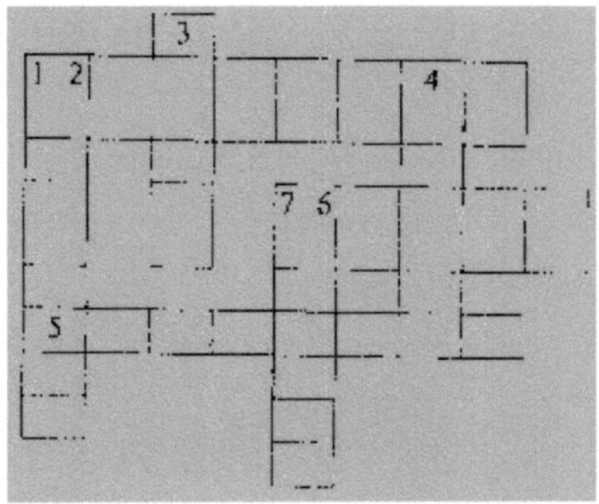

4- **Em comprimento**: 2. a ciência das propriedades da matéria, 3. o que constitui o mundo material, 4. a substância formada na reação, 6. o isótopo do hidrogénio

4- **largura**: 1. o significado é igualmente forte, 5. valência em uzbeque, 7. alotropia do carbono.

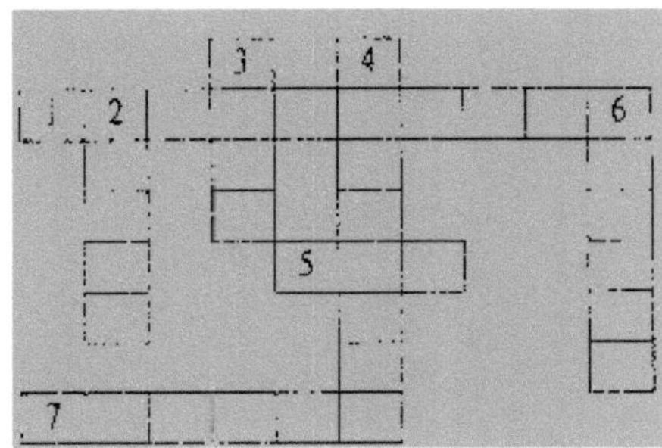

5- **Em comprimento**: 2. Mistura de gases, 4. SiH4, 5. Oxigénio recolhido e armazenado.

5- **largura**: 1. acelera a reação, 3. dispositivo de extração de ozono, 6. acompanha a saída de calor.

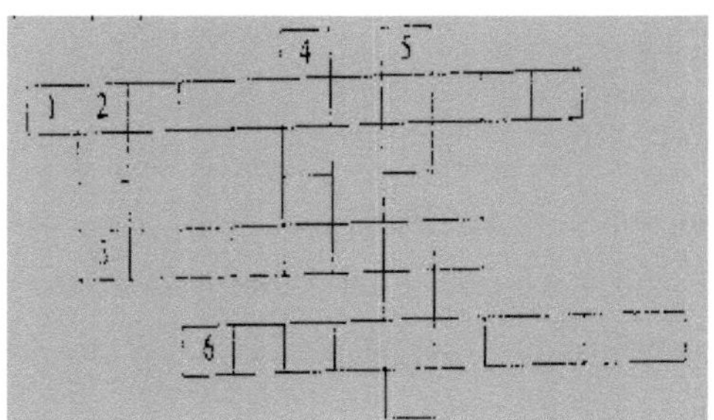

6- **Em comprimento**: 2. o cientista que descobriu o hidrogénio, 5. o prótio, o deutério, o tértio.

6- **Largura**: 1. Decomposição da água por meio de corrente eléctrica, 3. Compostos com MeHx, 4. Adicionados à água durante a eletrólise, 5. Dispositivo de extração de hidrogénio.

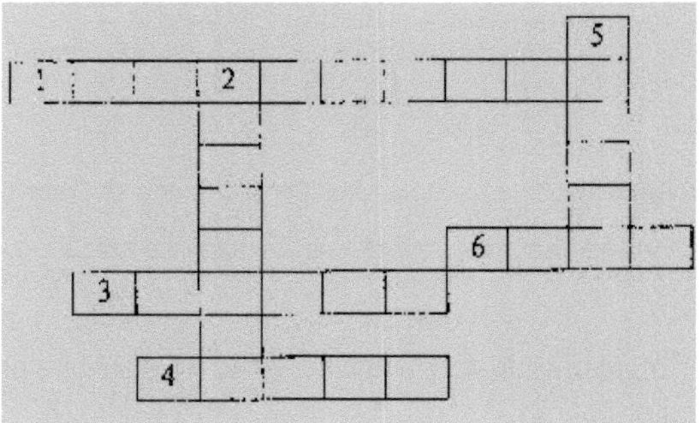

7- **Em comprimento**: 2. O melhor solvente, 3. Uma grande quantidade numa mistura homogénea, 5. Uma substância que sai da reação.

7-**Largura**: 1. Difusão de uma substância sólida num líquido, 4. Outra substância insolúvel, 6. Estado agregado da água.

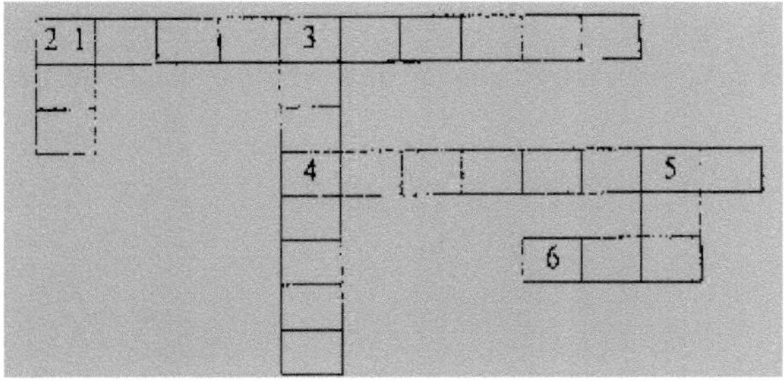

"Leis de Raoul"

8. 1. Um sinal que indica o curso de uma reação, 2. Um estado em que as velocidades das reacções direta e inversa de um sistema de substâncias que reagem são iguais, 3. Dois ou mais componentes e a sua interação um sistema homogéneo constituído pelos seus produtos, 4. Um sistema homogéneo, 5. Elementos que conduzem bem a eletricidade, brilham e conduzem bem o calor, 6. Uma substância constituída por dois elementos, um dos quais é o oxigénio, 7. Um processo químico, fenómeno, estado . 9. 1. Um sinal que mostra o progresso de uma reação, 2. Substâncias que reagem, 8. Substâncias que aceleram a reação, 9. Tornassol, fenolftaleína, alaranjado de metilo, 10. Matéria constituída por um conjunto de elementos, 11. Uma linha vertical no sistema periódico, 12. Planta de borracha, 13. Tipo de reação, 14. Gás inerte.

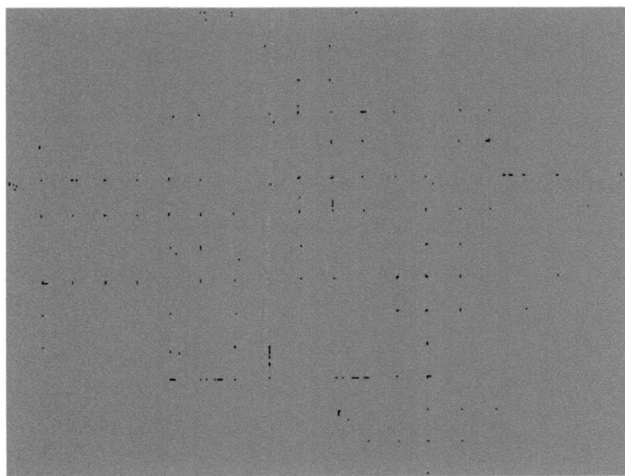

9- **Em comprimento**: 2. um sistema constituído por um solvente e um soluto, 3. estado de ebulição da água, 4. uma solução que pode voltar a dissolver-se.

9-largura: 1. dispersão de partículas líquidas em líquido, 5. dispositivo de separação de água, 6. produto da união de óxidos metálicos com água.

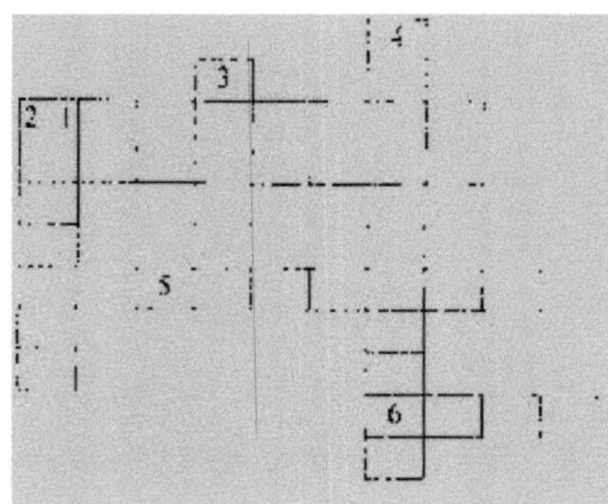

10-Em comprimento: 2. classe de substâncias inorgânicas, 3. óxido que não forma sal.

10-largura: 1. óxidos de não metais, 4. série de atividade dos metais, 5. elemento com o significado de ponteiro.

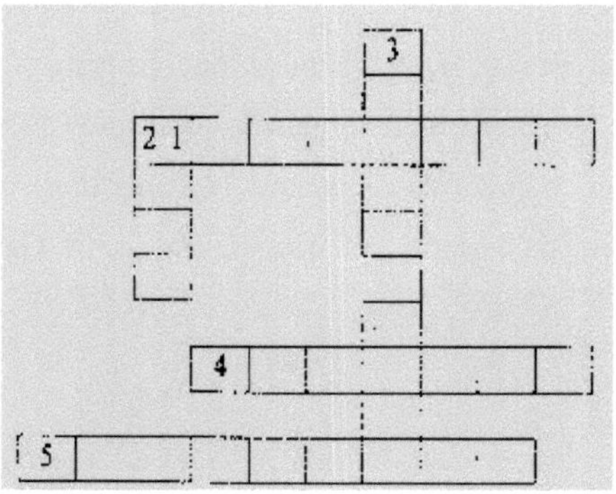

Comprimento de 11 pol.: 2. sal com átomo de hidrogénio, 4. Na_2CO_3 , 5. classe de sais, 6. base e ácido, 9. base solúvel em água.

11-largura: 1. reação ácido-base, 3. $CaCO_3$, 7. classe de substâncias inorgânicas, 9. SiO_2.

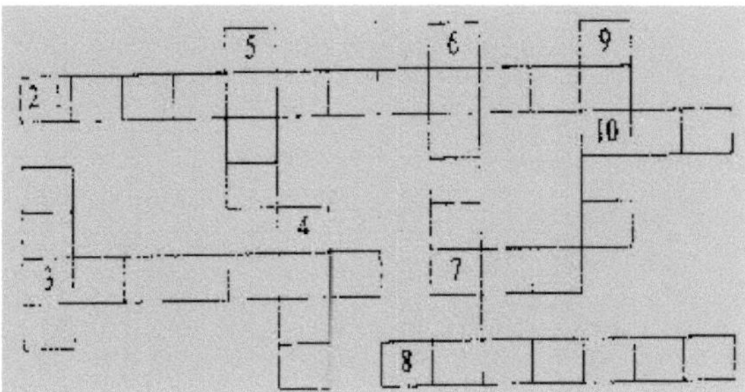

Efetuar as seguintes alterações

Estas equações químicas devem ser escritas utilizando os elementos. Isto exige que os alunos e estudantes tenham um conhecimento perfeito dos processos químicos e que trabalhem sobre eles.

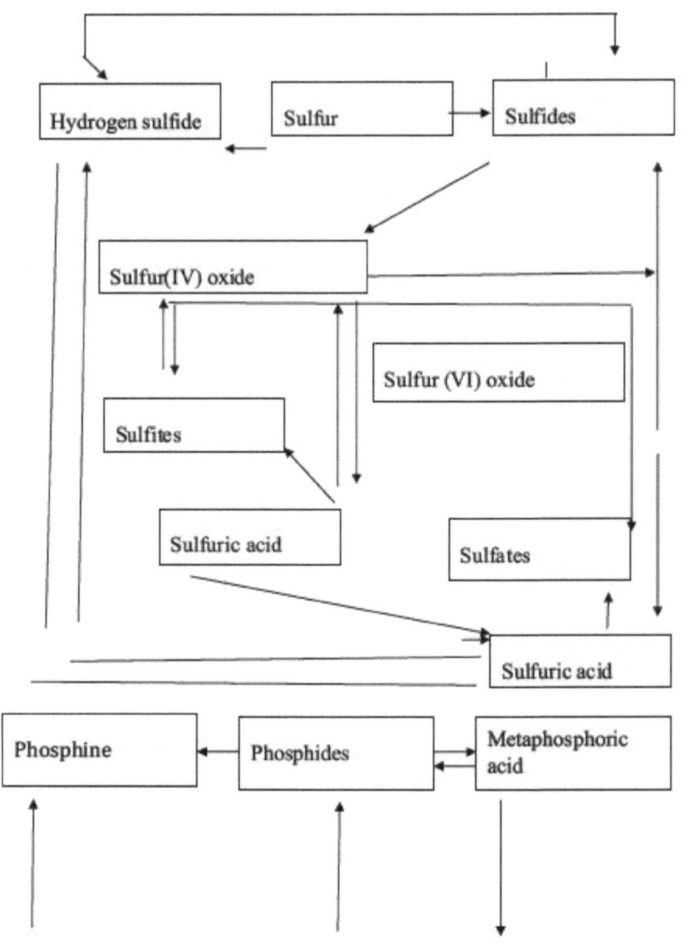

Hydrogen sulfide
Sulfur
Sulfides
Sulfur(IV) oxide
Sulfur (VI) oxide
Sulfites
Sulfuric acid
Sulfates
Sulfuric acid
Phosphine
Phosphides
Metaphosphoric acid

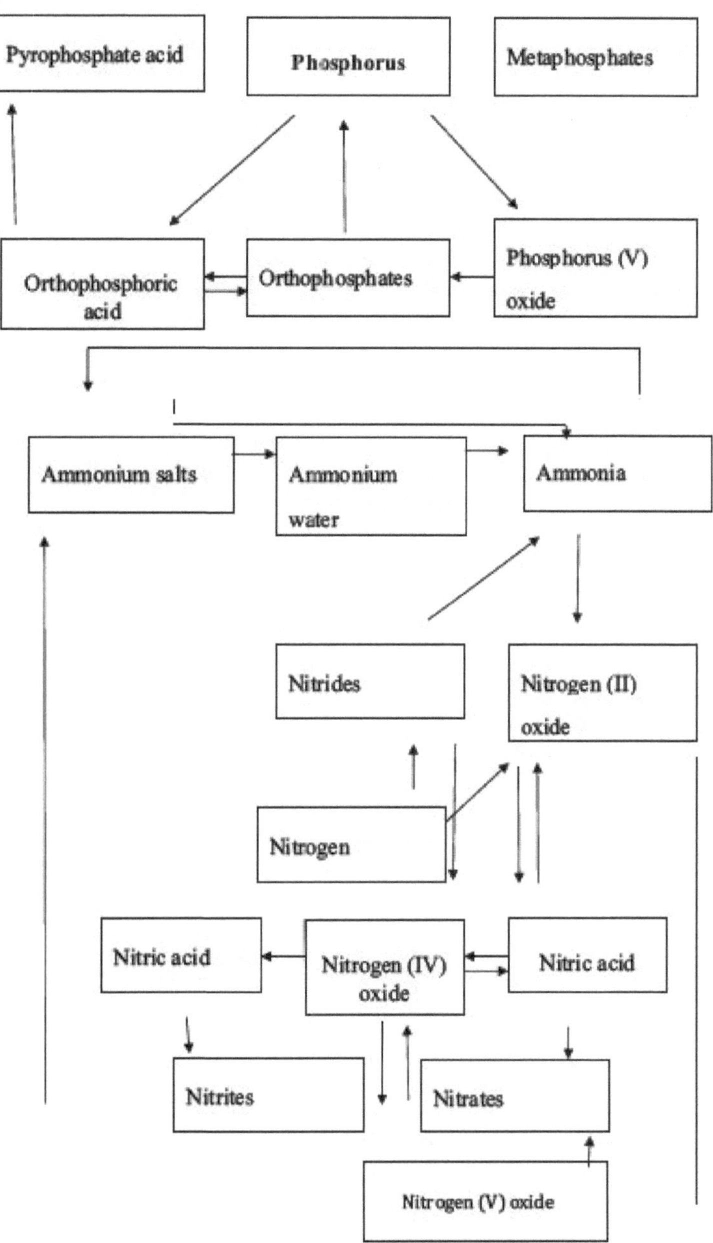

Pyrophosphate acid
Phosphorus
Metaphosphates
Orthophosphoric acid
Orthophosphates
Phosphorus (V) oxide
Ammonium salts
Ammonium water
Ammonia
Nitrides
Nitrogen (II) oxide
Nitrogen
Nitric acid
Nitrogen (IV) oxide
Nitric acid
Nitrites
Nitrates
Nitrogen (V) oxide

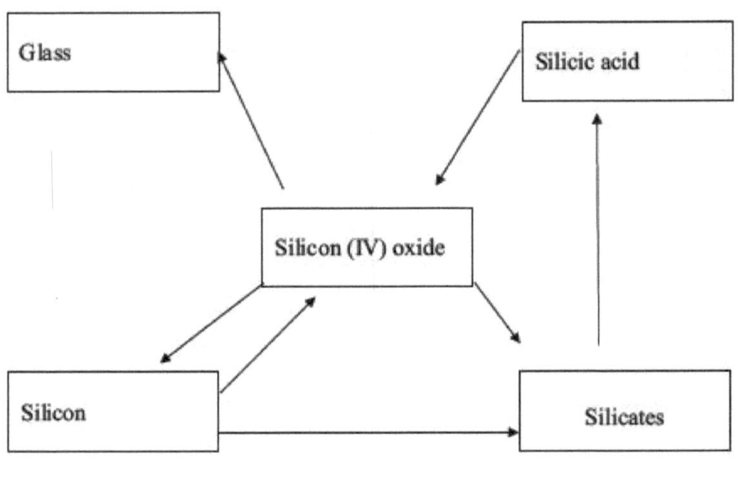

Glass
Silicic acid
Silicon (IV) oxide
Silicon
Silicates

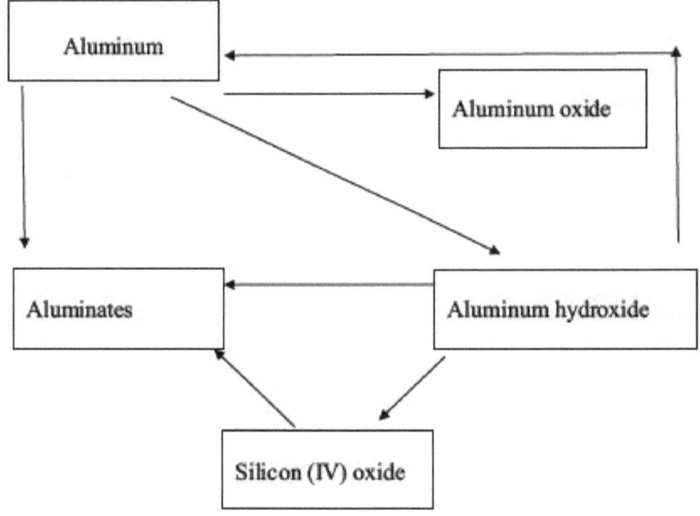

Aluminum
Aluminum oxide
Aluminates
Aluminum hydroxide
Silicon (IV) oxide

1. Em elementos desde o sódio até ao árgon:

1) as propriedades metálicas tornam-se mais fracas

2) aumento das propriedades não metálicas

3) a propriedade de não metalicidade diminui

4) a eletronegatividade diminui

5) a propriedade oxidante aumenta

6) o raio atómico aumenta

7) o número de protões no núcleo aumenta

A. 1, 2, 3, 4

B. 1, 2, 5, 7

C. 1, 5, 6, 7

D. 2, 5, 6, 7

E. 1, 2, 5, 6

2. Enumere os elementos por ordem crescente de raio atómico.

A. F, O, N, C

B. C, N, O, F

C. P, Si, Al, F

D. O, Fe, H, Cl

E. Al, Mg, P, S

3. Indique o grupo e o período em que se encontra o elemento com a maior eletronegatividade relativa.

A. I, 6

B. VI, 2

C. I, 3

D. VII, 5

E. VII, 4

4. Determinar a posição do elemento oxidante mais forte no sistema periódico (por grupo e período).

A. I, 1

B. III, 2

C. V, 7

D. VII, 7

E. VII, 2

5. Quais são os elementos dos grupos II e VI da tabela periódica?

1) ...$2s^2$

2) ...$3p^3$

3) ...$4p^6$

4) ...$2p^4$

5) ...$3p^4$

A. 1, 4, 5

B. 1, 2, 3

C. 3, 4, 5

D. 4, 5, 6

E. 1, 3, 6

6. Se o óxido superior do elemento que forma um composto contendo RH_4 com hidrogénio contém 72,72% de oxigénio, identifique esse elemento.

A. C

B. S

C. Ti

D. Ge

E. Pb

7. Um dos isótopos não tem neutrões no seu núcleo atómico. Mostrar este item.

A. Cl

B. Au

C. Ag

D. H

E. Ele

8. Que partícula é formada na seguinte reação nuclear?

A. Eletrão

B. protão

C. positrão

D. Partícula α

E. Neutrões

9. Qual é o isótopo do elemento formado na seguinte reação?

$$_{24}^{12}Mg + _4^2He \rightarrow _1^0n + X$$

A. Mg

B. Al

C. S

D. P

E. Si

10. Determine o número de pares de elementos que só podem formar substâncias com ligações iónicas. 1) K 2) C 3) Cl 4) F 5) N 6) S

A. 1 e 3; 1 e 4

B. 3 e 4; 4 e 5

C. 5 e 6; 4 e 6

D. 6 e 3; 4 e 5

E. 1 e 5; 3 e 4

11. Apresente uma série de substâncias que têm uma ligação covalente não polar. 1) H_2 2) Cl_2 3) NCl_3 4) PH_3 5) KCl 6) H_2S

A. 1, 2, 6

B. 2, 3, 5

C. 3, 4, 5

D. 4, 5, 6

E. 2, 3, 4

12. Indique o estado de oxidação e a valência do azoto no ácido nítrico.

A. +5 e IV

B. +5 e V

C. +3 e IV

D. +4 e V E. +5 e VI

13. Defina uma série de substâncias que têm uma ligação dador-acetor. 1) CO 2) CO_2 3) NH_4Cl 4) FeO_{23} 5) HO_{22} 6) PO_{25}

A. 1, 2

B. 2, 3

C. 3, 4

D. 1, 3

E. 5, 6

14. Quantas moléculas não dissociadas existem em 1 litro de solução de sulfato de sódio com um grau de dissociação de 0,9?

A. $6.02 \cdot 10^{23}$

B. $3.01 \cdot 10^{23}$

C. $6.02 \cdot 10^{22}$

D. $3.01 \cdot 10^{22}$

E. Todas as moléculas são separadas em iões

15. Definir a série de electrólitos fortes.

A. HCl e HF

B. $H_2 CO_3$ e $H_2 SO_4$

C. $H_2 SO_4$ e $HClO_4$

D. $H_2 S$ e O_3

E. HClO e $H S_2$

16. Identificar a série de electrólitos fracos.

A. $H_2 S$ e $H_2 CO_3$

B. HCl e HJ

C. $H_2 S$ e $H_2 SO_4$

D. HSl e $HClO_4$

E. $H_2 SO_4$ e HClO

17. Qual das seguintes substâncias sofre hidrólise?

A. KCl

B. $Na_2 SO_4$

C. $BaCl_2$

D. $Ca(OH)_2$

E. $K S_2$

18. Qual é a valência e o estado de oxidação do átomo de carbono no carboneto de cálcio?

A. 4 e -2

B. 1 e -1

C. 4 e -1

D. 2 e -1

E. 2 e -2

19. Qual é a valência e o estado de oxidação do oxigénio no catião hidroxónio formado entre uma molécula de água e um protão?

A. 2 e -2

B. 3 e -2

C. 2 e -1

D. 3 e -1

E. 4 e -2

20. Que substância forma um meio alcalino quando dissolvida em água?

A. Na HPO_{24}

B. KCl

C. $Al_2 (SO)_{43}$

D. $Na_2 SO_4$

E. BaSO

21. Qual dos IV elementos do grupo principal tem mais neutrões do que protões no seu núcleo?

1) S

2) Si

3) Ge

4) Sn

5) Pb

A. 1, 2, 3

B. 2, 3, 4

C. 3, 4, 5

D. 1, 3, 5

E. 2, 4, 5

22. Quais dos elementos do grupo principal do grupo IV pertencem aos elementos d?

A. C, Si

B. Si

C. Ge, Sn, Pb

D. Pb

E. não pertence à família dos elementos d

23. Qual é a estrutura do carbino, uma forma alotrópica artificial de carbono?

A. Sob a forma de um tetraedro

B. Sob a forma de um hexágono regular

C. linear $...-C\equiv C-C\equiv C-C\equiv C-...$

D. linear $...=C=C=C=C=C=...$

E. As respostas C e D estão corretas

24. Mostrar um gás que se inflama espontaneamente no ar.

A. Dióxido de carbono

B. dióxido de carbono

C. metano

D. Silano

E. propano

25. Mostrar a gama de substâncias que podem ser matérias-primas para o vidro comum.

1) caulino

2) calcário

3) refrigerante

4) areia branca

5) Óxido de chumbo (IV)

6) feldspato

7) soda cáustica

A. 2, 3, 4

B. 1, 2, 7

C. 4, 5, 6

D. 2, 4, 7

E. 4, 6, 7

26. Se for possível obter 4,24 g de sal anidro a partir de 11,44 g de carbonato de sódio sob a forma de hidrato cristalino, determine a fórmula do sal sob a forma de hidrato cristalino.

A. $Na_2CO*H O_{32}$

B. $Na_2CO*2H O_{3\,2}$

C. $Na_2 CO *5H O_{32}$

D. $Na_2 CO *7H O_{32}$

E. $Na_2 CO *10H O_{32}$

27. Se a composição de um vidro cristalino corresponder à fórmula $Na_2 CO$ $*PbO*6SiO_{32}$, determine a fração mássica de PbO nesse vidro.

A. 34%

B. 11%

C. 55%

D. 45%

E. 66%

28. Qual é a densidade do dióxido de carbono em relação ao ar?

A. 1.52

B. 1.44

C. 2,2

D. 1.01

E. 1.96

29. Quantas moléculas existem em 0,2 mol de dióxido de carbono?

A. $1,202 \cdot 10^{23}$

B. $0.601 \cdot 10^{23}$

C. $1,202 \cdot 10^{24}$

D. $0.601 \cdot 10^{24}$

E. $2.4 \cdot 10^{23}$

30. Identificar a substância "X" em que ocorreu a alteração.

$$Si \rightarrow Mg_2Si \rightarrow SiH_4 \rightarrow SiO_2 \rightarrow X \rightarrow Na_2SiO_3$$

A. Silicato de cálcio

B. Óxido de silício (IV)

C. Ácido metassilícico

D. Silicato de potássio

E. hidróxido de sódio

31. Determine a fórmula de um gás com uma densidade de 14 para o hidrogénio.

A.CH_4

B. CO

C.CO_2

D. SiH_4

E. $C H_{26}$

32. O óxido de silício (IV) reage com que dano?

1) hidróxido de sódio

2) ácido sulfúrico

3) carbonato de sódio

4) ácido clorídrico

5) ácido fluorídrico

6) cal

7) hidrogénio

8) oxigénio

A. 1, 3, 5, 6

B. 2, 3, 4, 7

C. 3, 5, 6, 8

D. 4, 5, 6, 7

E. 1, 3, 6, 8

33. Quantos átomos de oxigénio tem 1,12 l de dióxido de carbono?

A. $6.02*10^{23}$

B. $0.602*10^{23}$

C. $3.01*10^{22}$

D. $3.01*10^{23}$

E. $1.204*10^{23}$

34. Quais são os estados de oxidação do Si no $Mg_2 Si$ e no SiF_4 ?

A. +4 e -4

B. -4 e +4

C.0 e +4

D. -4 em ambos

E. +4 em ambos

35. Porque é que o SiO_2 é uma substância sólida cristalina?

A. Porque a sua massa molecular é 60

B. porque é areia

C. Porque o átomo tem uma estrutura cristalina e uma massa molecular de 60n.

D. devido à sua natureza alargada

E. SiO_2 não é sólido, ocorre a celebração do gás

36. Que cientista foi o primeiro a designar os alimentos orgânicos como derivados de organismos vivos?

A. Cientista sueco Berselius, 1807

B. Cientista alemão Waller, 1824

C. Cientista russo Zinin, 1842

D. Cientista russo Butlerov, 1864

E. Cientista inglês Dalton, 1805

37. Qual dos seguintes números não satisfaz a fórmula C_nH_{2n+2}?

A. 5

B. 4

C. 3

D. 12

E. 1.5

38. Quantos isómeros da substância que contém C_6H_{14}?

A. 4

B. 5

C. 6

D. 7

E. 8

39. Se a densidade de uma substância gasosa composta por C e H for 22 em relação ao hidrogénio, indique a sua fórmula.

A. C_2H_6

B. C_3H_6

C. C_3H_8

D. C_4H_8

E. C_4H_{10}

40. O acetileno é obtido por cracueamento do metano na indústria. Quantos litros de acetileno podem ser obtidos a partir de 0,5 mol de metano?

A. 22.3

B. 11.2

C. 5,6

D. 6.72

E. 2.61

41. Quantos litros de gás podem ser obtidos expondo 20 g de carboneto de alumínio contendo 28% de metais estranhos a uma grande quantidade de água?

A. 22.4

B. 11.2

C. 5,6

D. 6.72

E. 2.61

42. Quantos isómeros de um hidrocarboneto saturado com uma densidade de 29 em relação ao hidrogénio existem?

A. 1

B. 2

C. 3

D. 4

E. 5

43. Quantos litros de metano podem ser obtidos quando 10 g de acetato de sódio anidro são aquecidos juntamente com hidróxido de sódio?

A. 4.86

B. 2.93

C. 8.26

D. 12.6

E. 3.26

44. Que ângulo de valência é caraterístico de um átomo de carbono no estado de hibridação sp^2 ?

A. 105°

B. 109°

C. 107°

D. 120°

E. 180°

45. Quantos isómeros de cadeia aberta do hidrocarboneto com a composição C H_{510} existem?

A. 2

B. 5

C. 6

D. 7

E. 9

46. De qual das seguintes substâncias se pode obter metano?

1) $CaCO_3$

2) $Al\ C_{43}$

3) $CH_3\ COONa$

4) $CH_3\ CH_2\ Br$

5) CO

6) CCl_4

7) C

A. 1, 2, 3, 4

B. 2, 3, 4, 5

C. 3, 4, 5, 6

D. 2, 3, 5, 7

E. 4, 5, 6, 7

47. Determine qual das seguintes cicloparafinas é a mais estável.

A. ciclopropano

B. ciclobutano

C. ciclopentano

D. ciclo-hexano

E. ciclo-heptano

48. Determine a substância "B" formada em resultado das seguintes transformações.

$$CaC_2 \xrightarrow{+H_2O} A \xrightarrow{+H_2O[O]} B$$

A. Acetileno

B. álcool etílico

C. Etanol

D. etanodiol

E. ácido etanoico

49. A natureza da formação de p-ligações:

A. Do emparelhamento de electrões s-s

B. Do emparelhamento de electrões s-p

C. Por emparelhamento de electrões p-p

D. Do emparelhamento de electrões híbridos s-sp3

E. Apenas pelo emparelhamento de electrões híbridos

50. Quantos isómeros tem o penteno?

A. 3

B. 4

C. 5 deles

D. 6

E. 7

51. Qual é a quantidade de benzeno formada a partir de 44,8 l de acetileno quando o rendimento da reação é de 40%?

A. 280 g

B. 312 g

C. 780 g

D. 78 g

E. 672 g

52. Se a densidade de um hidrocarboneto em relação ao hidrogénio é igual a 22 e a quantidade de carbono na sua composição é de 81,8% em massa, determine a fórmula molecular desse hidrocarboneto.

A. CH_4

B. $C H_{36}$

C. $C H_{38}$

D. $C H_{26}$

E. $C H_{22}$

53. Determine a série crescente de Boorish da propriedade fundamental dos seguintes compostos.

1) $C H NH_{652}$

2) NH_3

3) $(CH) N_{33}$

4) $(CH) NH_{32}$

5) $CH NH_{32}$

A. 1→2→5→4→3

B. 1→2→3→4→5

C. 3→4→5→2→1

D. 5→4→3→2→1

E. 2→1→3→4→5

54. Quando o acetileno é trimerizado, forma-se benzeno, e quando o propano é trimerizado?

A. O propano não se trimeriza

B. Forma-se benzeno

C. ciclopropatrieno

D. trimetilbenzeno

E. prorylbenzene

55. Complete a equação da reação e qual é a soma dos coeficientes do lado esquerdo da equação?

$$KMnO_4 + CH_2 = CH_2 + H_2O \rightarrow$$

 A. 9

B. 6

C. 16

D. 21

E. 36

56. O metal forma dois óxidos diferentes com o oxigénio. O primeiro óxido contém 22,55% de oxigénio e o segundo contém 50,48% de oxigénio. Identifica este metal.

A. Fe

B. Mn

C. Cu

D. Cr

E. Co

57. Quais das seguintes substâncias são tóxicas para o corpo humano?

1) $MgSO_4 * 7H_2O$

2) $HgCl_2$

3) $NaHCO_3$

4) CO

5) H_2S

6) $C_6H_{12}O_6$

A. 1, 2, 3

B. 2, 3, 4

C. 4, 5, 6

D. 2, 4, 5

E. 1, 3, 6

58. Qual é a posição do Usbequistão no mundo em termos de reservas de ouro?

A. o primeiro

B. segundo

C. terceiro

D. o quarto

E. o quinto

59. Indique a quantidade de reservas de gás e carvão encontradas.

A. 2 biliões de m^3 , 2 mil milhões de toneladas

B. 6 mil milhões de m^3 , 7 mil milhões de toneladas

C. 6 milhões de m^3 , 2 mil milhões de toneladas

D. 3 mil m^3 , 1 milhão de toneladas

E. 2 milhões de m^3 , 4 biliões de toneladas

60. Escreva as equações de reação necessárias para efetuar as seguintes alterações e determinar "X".

$$CaCO_3 \rightarrow CaO \rightarrow CaC_2 \rightarrow C_2H_2 \rightarrow C_6H_6 \rightarrow C_6H_5OH + Br_2 \rightarrow X$$

A. C_6H_5OBr

B. C_6H_4OHBr

C. C H$_{63}$ Br$_2$ OH

D. C H$_{62}$ Br$_3$ OH

E. a última reação não ocorre

61. É necessário preparar uma solução de bromo em gasolina. É possível que a quantidade de bromo na solução preparada não diminua?

A. deve ser dissolvido em gasolina de acionamento direto

B. deve ser dissolvido em gasolina de cracking

C. deve ser dissolvido em qualquer gasolina

D. O bromo é insolúvel na gasolina

E. O bromo deve primeiro ser convertido num sal e depois dissolvido

62. Quando o amoníaco é aquecido, 25% dele decompõe-se em substâncias simples. Indique a quantidade de todos os componentes da mistura resultante em % em volume.

A. 75% NH$_3$, 12,5% N$_2$, 12,5% H$_2$

B. 75% NH$_3$, 5% N$_2$, 20% H$_2$

C. 50% NH$_3$, 20% N$_2$, 30% H$_2$

D. 40% NH$_3$, 20% N$_2$, 40% H$_2$

E. 60% NH$_3$, 10% N$_2$, 30% H$_2$

63. Os halogéneos têm as seguintes propriedades gerais:

A. Uma molécula diatómica é um feriado no estado gasoso

B. Forma sólidos com ligações iónicas com metais alcalinos

C. forma ligações covalentes com o hidrogénio e o carbono

D. tem apenas propriedades oxidantes

E. As respostas A, B e C estão corretas

64. 1 mol da substância "X" reage com 1 mol de água para formar 1 mol de oxigénio e 2 mol de fluoreto de hidrogénio. Mostrar este item.

A. F$_2$

B. DE$_2$

C. F O$_{23}$

D. HOF

E. Este tipo de reação não ocorre

65. Em qual dos seguintes compostos o estado de oxidação do oxigénio é inferior a zero?

1) $Na\ O_2$

2) $H\ O_{22}$

3) KHO_3

4) OF_2

5) $Na\ O_{22}$

6) $KclO_3$

A. 1, 2, 3, 4, 5

B. 2, 3, 4, 5, 6

C. 3, 4, 5, 6, 1

D. 4, 5, 6, 1, 2

E. 5, 6, 1, 2, 3

66. Qual é o volume ocupado por 1,5 mol de oxigénio gasoso?

A. 5,6

B. 11.2

C. 22, 4

D. 33, 6

E. 44.8

67. Que quantidade de uma solução de ácido clorídrico a 20% é necessária para dissolver completamente 11 g de sulfureto de ferro (III)?

A. 2.28

B. 9,12

C. 4.56

D. 45.6

E. 55.5

68. Que quantidade de sulfureto de zinco se pode obter aquecendo 10 g de zinco e 10 g de enxofre?

A. 10

B. 20

C. 14.9

D. 5.8

E. 58

69. Como é que a propriedade da acidez se altera na série seguinte à medida que o número do elemento aumenta?

$$N_2O_3 \rightarrow P_2O_3 \rightarrow As_2O_3 \rightarrow Sb_2O_3 \rightarrow Bi_2O_3$$

A. aumenta

B. Diminui

C. não se altera

D. aumenta e depois diminui

E. não têm propriedades ácidas

70. Nitrato de sódio NaNO $_2$

A. apenas repulsivo

B. apenas oxidante

C. é simultaneamente redutor e oxidante

D. não é nem um agente oxidante nem um agente redutor

E. A fórmula é dada incorretamente

71. Defina as substâncias "X" e "Y" na cadeia de reacções que acompanham as seguintes alterações

. A. NO e HNO_3

 B. N2 e HNO_2

C. NO e NH_3

D. NH_4 OH e HNO $_3$

E. HNO_2 e NH_4 OH

72. Qual o volume ocupado por 16 kg de oxigénio líquido no estado gasoso (n.sh)?

 A. 11200 l

B. 22400 l

C. 5600 l

D. 33600 l

 E. 22,4 m^3

73. Em condições normais, indicar substâncias simples com estrutura gasosa e molecular

. 1) oxigénio

2) enxofre

3) cloreto de hidrogénio

4) grafite

5) Diamante

6) azoto

7) dióxido de carbono

8) flúor

A. 2, 4, 5,

B. 1, 3, 7

C. 3, 4, 5, 7

D. 1, 6, 8

E. 1, 2, 6, 8

74. Que definição exprime corretamente o conceito de substância pura?

A. uma substância composta pelas mesmas moléculas

B. uma substância composta por átomos do mesmo elemento

C. uma substância composta por átomos de dois ou mais elementos

D. uma substância composta por duas ou mais moléculas

E. moda, cuja massa é constituída pelas mesmas moléculas

75. Qual das seguintes propriedades pertence ao líquido?

1) carga nuclear 2) ponto de ebulição 3) fragilidade 4) raio atómico 5) agilidade

A. 1, 4

B. 2, 5

C. 1, 3

D. 3, 4,

E. 1, 2

76. Qual das propriedades pertence ao elemento?

1) carga nuclear

2) ponto de ebulição

3) fragilidade

4) raio atómico

5) proteção

A. 1, 4

B. 1, 3

C. 3, 5

D. 2, 5

E. 2, 4

77. Em que outra distribuição a razão das massas é igual a 1:1?

1) NÃO

2) $Li_4 Si$

3) SO_2

4) CH_4

5) $C H_{22}$

A. 1, 5

B. 2, 3

C. 2, 4

D. 1, 3

E. 4, 5

78. Qual é a substância que contém diretamente a maior fração mássica de enxofre?

A. $Na_2 SO_4$

B. SO_2

C. SO_3

D. $Na_2 SO_3$

E. $K_2 SO_4$

79. Determine a quantidade de 290 g de $C H_{410}$, o seu volume em condições normais, o número de moléculas e de átomos.

A. 5 moles, 112 l, 3,01 1024, 4,2 1025

B. 5 moles, 112 l, 3,01 1024, 6,02 1024

C. 5 moles, 5 l, 3,01 1024, 6,02 1024

D. 0,5 moles, 22,4 l, 6,02 1023, 1,2 1024

E. 1 moles, 22,4 l, 6,02 1023, 6,02 1024

80. Que gás constituído por t=0°C e P=0.5 átomos. ocupa um volume de 56 l?

A. 84 g de $H S_2$

B. 220 g de CO_2

C. 17 g de NH_3

D. 20 g de CH_4

E. 4 g de H_2

81. Qual é a massa (g) de 10 moles de hélio, cloro e ferro?

A. 80, 710, 560

B. 80, 710, 1120

C. 40, 710, 560

D. 40, 355, 560

E. 20, 170, 260

82. Definir uma substância com uma densidade de 0,966 em relação ao ar e um volume molar de $3,6*10^{24}$ átomos.

A. N_2

B. $C H_{22} Cl_2$

C. CO

D. $C H_{26}$

E. $C H_{24}$

83. Nestas condições, foram obtidos volumes iguais de gases O_2 e CO. Qual é a razão entre a sua massa, quantidade e número de moléculas?

A. $m(O_2)=m(CO)$; $v(O_2)=v(CO)$; $N(O_2)=N(CO)$;

B. $m(O_2)>m(CO)$; $v(O_2)>v(CO)$; $N(O_2)>N(CO)$;

C. $m(O_2)>m(CO)$; $v(O_2)=v(CO)$; $N(O_2)=N(CO)$;

D. $m(O_2)<m(CO)$; $v(O_2)<v(CO)$; $N(O_2)<N(CO)$;

E. $m(O_2)<m(CO)$; $v(O_2)=v(CO)$; $N(O_2)=N(CO)$;

84. Quantos átomos de oxigénio tem uma molécula de 0,125 mol de $P O_{410}$?

A. 0.125

B. 1.25

C. $1.5*10^{24}$

D. 10

E. $7.5*10^{23}$

85. A massa de cálcio em 100 g de CaX_2 é de 20 g. Que elemento é "X"?

A. F

B. Cl

C.O

D.I.

E.Br

86. 2,7 g de A B_{25} contém $3,01 \cdot 10^{22}$ átomos de A. Determine a massa molecular de A B_{25} ?

A.27

B.54

C. 108

D. 135

E. 142

87. Se a massa de 0,25 mol de C H O_{n2nn} é 30, qual é n?

A.1

B.3

C.4

D.5

E. 6

88. 14,3 Na_2 CO_{3*} x H_2 O contém 2,3 g de sódio. O que é "X"?

A.4

B.5

C.7

D.8

E. 10

89. O composto de oxigénio de um elemento trivalente é constituído por 30% de oxigénio. Quais são as massas atómicas relativas dos três elementos?

A.27

B.52

C. 56

D.11

E. 70

90. Que quantidade de sódio e quantos volumes (n.sh) de cloro são necessários para obter 87,75 g de sal de mesa NaCl?

A. 34,5 g e 33,6 l

B. 46 g e 22,4 l

C. 23 g e 22,4 l

D. 23 g e 16,8 l

E. 34,5 g e 16,8 l

91. Em que momento se forma mais água a partir da reação do hidrogénio e do oxigénio?

A. 10 g de H_2 e 10 g de O_2

B. 10 g de H_2 e 10 l de O_2

C. 10 H_2 e 10 O_2

D. 10 l H_2 e 10 L O_2

E. 10 l de H_2 e 10 g de O_2

92. Quando o sulfureto de hidrogénio H_2S é queimado, forma-se SO_2 e água. Quantos volumes (m^3) de oxigénio são necessários para suportar completamente 0,5 m^3 de H_2S ?

A. 0.25

B. 0.5

C. 0.75

D. 1

E. 1.5

93. Qual dos elementos dados tem o mesmo número de protões, neutrões e electrões que este elemento?

1) N

2) Si

3) O

4) S

A. 1

B. 2, 3

C. 3, 4

D. 1, 3, 4

E. em geral

94. Qual é a semelhança na estrutura atómica do elemento s do primeiro grupo?

A. O número de electrões s é igual a

B. Todos os electrões têm o mesmo número

C. O número de electrões na região é igual

D. o número de passos energéticos é igual

E. as cargas nucleares são iguais

95. Qual dos produtos tem o mesmo número de electrões desemparelhados no estado normal?

1) U

2) N

3) O

4) F

5) Si

6) P

7) K

8) Ca

A. 1 e 8 2 e 6 3 e 5 4 e 7

B. 1 e 2 3 e 4 5 e 6 7 e 8

C. 1 e 4 2 e 5 3 e 8 4 e 7

D. 1 e 7 2 e 6 3 e 8 4 e 6

E. 1, 7 e 8 3, 4 e 5 6

96. O cloro natural é constituído por dois isótopos ^{35}Cl e ^{37}Cl. Se a massa atómica relativa do cloro natural é 35,5, determine a fração mássica (%) de ^{35}Cl na mistura.

A. 10

B.25

C. 50

D.75

E. 90

97. X^{3+}ião tem 18 electrões. Qual é a configuração eletrónica do átomo "X"?

A. $1s^2\ 2s^2\ 2p^6\ 3s^2\ 3p^6\ 3d^3$

B. $1s^2\ 2s^2\ 2p^6\ 3s^2\ 3p^6\ 3d\ 4s^{12}$

C. $1s^2\ 2s^2\ 2p^6\ 3s^2\ 4s^2\ 4p^1$

D. $1s^2\,2s^2\,2p^6\,3s^2\,3p^6$

E. $1s^2\,2s^2\,2p^6\,3s^2\,3p^3$

98. São dados os elementos com a seguinte fórmula eletrónica

X-$1s^2\,2s^2\,2p^6\,3s^1$

Y-$1s^2\,2s^2\,2p^6\,3s^2\,3p^5$

Z-$1s_2\,2s^2\,2p^6\,3s^2\,3p^6\,4s^2\,3d^6$

Sobre estes elementos, são apresentados os seguintes pontos:

1) X é um metal ativo, Y é um não metal

2) os três elementos estão localizados no período III da tabela periódica

3) Z e Y formam um composto mútuo

4) X e Z formam um ião de carga positiva, Y um ião de carga negativa

5) O raio atómico de X é menor do que o de Y

Qual das ideias está errada?

A. 2, 5

B. 2, 4

C. 1, 3

D. 5

E. Todas as opiniões estão corretas

99. XO_3 na fase gasosa a 136,5°C e 1 atm. sob pressão, densidade 2,381 g/l; O número de electrões no ião X^{2-} é igual ao número de electrões no ião Ca^{2+}. Quantos neutrões tem o elemento "X"?

A. 12

B. 14

C. 16

D. 18

E. 20

100. Os iões X^{3-} e Y^{1+} têm o mesmo número de electrões. O elemento Y está situado no grupo IA (principal) do período 3. Em que período e grupo se encontra o elemento X?

A. 3° período, IV grupo A

B. 3° período, III grupo A

C. Período 2, Grupo VII A

D. 2º período, VI grupo A

E. 2º período, grupo V A

101. Que isótopo é formado quando um protão é libertado ao ser bombardeado com partículas α ? $^{14}_{7}N$

A. $^{14}_{7}N$

B. $^{17}_{8}O$

C. $^{17}_{9}F$

D. $^{17}_{10}Ne$

E. $^{16}_{8}O$

102. Organize os elementos por ordem decrescente dos valores de eletronegatividade.

1) Ca

2) Ba

3) Cl

4) Sr

5) S

6) Si

7) Al

8) P

A. 1-2-3-4-5-6-7-8

B. 8-7-6-5-4-3-2-1

C. 3-5-8-6-7-1-4-2

D. 2-4-1-7-6-8-5-3

E. 3-5-6-8-1-2-7-4

103. Qual dos seguintes compostos apresenta corretamente o estado de oxidação dos elementos?

1) 1) $\overset{-3}{N}H_4 \overset{+5}{N}O_3$

2) $H\overset{+6}{C}lO_3$

3) $Na_3\overset{+3}{P}O_4$

4) $K_2 \overset{+7}{Mn}O_4$

5) $Fe_2 (\overset{+3}{SO_4})_3$

6) $Na_2 \overset{+6}{Cr}O_4$

7) $Na_2 \overset{+7}{Cr_2}O_7$

8) $K_2 \overset{+4}{S}O_3$

A. 1, 5, 6, 8

B. 2, 3, 4, 7

C. 3, 4, 6, 7

D. 1, 3, 5, 7

E. 2, 3, 6, 8

104. Em qual dos seguintes compostos o elemento de valência variável tem o estado de oxidação mais elevado?

1) ZnO

2) $CaSO_4$

3) $NaNO_2$

4) $H_3 PO_4$

5) $KMnO_4$

6) $Fe(OH)_3$

7) $Al(OH)_3$

8) $Cr\ O_{23}$

9) $Na_2\ CrO_4$

10) $H\ S_2$

A. 1, 2, 4, 9

B. 2, 4, 5, 6, 9

C. 3, 4, 6, 7, 9

D. 2, 3, 4, 6, 10

E. 1, 3, 7, 8

105. Quantas ligações s existem na molécula de O_2 ?

A. 1

B. 2

C. 3

D. 4

E. 5

106. Que compostos têm o mesmo número de ligações p?

1) Al O_{23}

2) CH$\equiv$C-CH=C=CH$_2$

3) P O_{25}

4) $O - \overset{O}{\underset{O}{Mn}} = O$

A. 1, 4

B. 2, 4

C. 3, 4

D. 1, 3

E. 2, 3

107. São dados os elementos com a seguinte configuração eletrónica:

X-1s$_2$ 2s^2 2p^6 3s^1

Y-1s^2 2s^2 2p^6 3s^2 3p^6 3d^{10} 4s1

Z-1s^2 2s^2 2p^4

Qual destas respostas está errada?

A. X e Z formam um composto iónico

B. Dois átomos de Z formam uma substância ligada covalentemente de forma mutuamente apolar

C. A polaridade do composto formado por X e Z é maior do que a polaridade do composto formado por Y e Z

D. Y e Z formam um composto iónico

E. O Z tem uma grande eletronegatividade

108. Qual dos seguintes compostos tem uma ligação covalente não polar?

1) H O_2

2) N$_2$

3) NCl$_3$

4) NÃO

5) H$_3$ C-CH$_3$

6) F O_2

A. 1, 4, 6

B. 2, 3, 6

C. 2, 4, 6

D. 2, 5, 6

E. 2, 3, 5

109. Por que ordem aumenta a polaridade das ligações químicas em determinados compostos?

1) CCl_4

2) $GeCl_4$

3) $SiCl_4$

4) $SnCl_4$

5) $PbCl_4$

A. 1-2-3-4-5

B. 5-4-3-2-1

C. 1-3-2-4-5

D. 5-4-2-3-1

E. 3-4-5-1-2

110. Qual dos seguintes compostos tem uma ligação iónica?

1) KOH

2) $AlCl_3$

3) H O_2

4) HF

5) NaF

6) CS_2

7) AgCl

A. 2, 5, 7

B. 1, 2, 5

C. 3, 4, 6

D. 2, 4, 5

E. 1, 4, 5

111. Em que ligação química participam os electrões de um átomo de um elemento?

A. covalente polar

B. covalente não polar

C. dador-acetor

D. Hidrogénio

E. B e C

112. Qual é a ligação que requer relativamente menos energia para ser cortada?

A. s(s-s)

B. s(p-p)

C. s(s-p)

D. p(s-p)

E. p(p-p)

113. Que compostos apresentam hibridação sp?

1) BCl_3

2) BeF_2

3) $C H_{22}$

4) SiO

5) CO_2

6) NH_3

7) $H S_2$

A. 1, 3, 6

B. 2, 3, 5

C. 2, 4, 5

D. 2, 5, 7

E. em todos

114. Que molécula tem uma estrutura linear?

A. $H O_2$

B. $H S_2$

C. MgH_2

D. BH_3

E. SiH_4

115. Qual é a estrutura espacial do ião NH_4^+ ?

A. linear

B. no avião

C. cúbico

D. quadrado

E. tetraedro

116. Qual é o tipo de hibridação se o ângulo entre as ligações na molécula de H_2 Se for de 90°?

A. sem hibridação

B. sp

C. sp^2

D. sp^3

E. spd

117. Qual é o ângulo entre as ligações na molécula AlH_3 ?

A. 45°

B. 90°

C. 109°

D. 120°

E. 180°

118. Que tipo de estrutura cristalina têm as substâncias gasosas, facilmente liquefeitas e vaporizadas?

A. Átomo

B. molecular

C. ião

D. Metal

E. elevado peso molecular

119. Mostrar as substâncias na rede cristalina atómica.

1) Fe

2) C

3) H_2

4) SiO_2

5) $H\,O_2$

6) NaCl

7) Si

8) Ge

9) Pb

10) CH_4

A. 1, 5, 6, 10

B. 2, 4, 7, 8

C. 2, 3, 7, 8

D. 1, 3, 8, 9

E. 4, 5, 6, 10

120. Quais das moléculas dadas são apolares?

1) BF_3

2) NaCl

3) $H O_2$

4) CH_4

5) BeF_2

6) CO_2

7) CO

8) NH_3

A. 1, 4, 5, 6

B. 2, 3, 7, 8

C. 1, 4, 7, 8

D. 3, 4, 6, 7

E. 3, 4, 6, 7

121. Mostrar a série de óxidos básicos.

A. CaO, $Na_2 O$, MgO, FeO, CrO

B. CO_2 , SO_2 , SO_3 , $P O_{25}$, NO_2

C. ZnO, $Al O_{23}$, BeO, $Fe O_{23}$, $Cr O_{23}$

D. $Mn O_{27}$, CrO_3 , WO_3 , $As O_{25}$, $V O_{25}$

E. MgO, ZnO, CO, $N O_{25}$, NO

122. Qual dos óxidos dados tem propriedades anfotéricas?

1) ZnO

2) BeO

3) CaO

4) MgO

5) $Cr\,O_{23}$

6) SO_2

A. 5, 6

B. 1, 2

C. 2, 3, 4

D. 1, 2, 5

E. 3, 4, 6

123. Óxidos que reagem com álcalis:

1) CaO

2) $Al\,O_{23}$

3) CO_2

4) SO_2

5) FeO

6) MnO

A. 1, 5, 6

B. 2, 3, 4

C. 2, 3

D. 3, 4

E. 1, 6

124. Qual dos óxidos dados é ácido?

1) BaO

2) $Cr\,O_{23}$

3) CO

4) $Mn\,O_{27}$

5) SO_2

6) $P\,O_{25}$

7) NÃO

8) $K\,O_2$

9) $Cl\,O_{27}$

10) CrO_3

A. 2, 4, 5, 6, 10

B. 1, 2, 7, 8

C. 3, 5, 6, 7, 9

D. 4, 5, 6, 7, 10

E. 4, 5, 6, 9, 10

125. Para provar a anfotericidade dc hidróxido de alumínio:

A. solúvel em álcalis

B. solúvel em água

C. solúvel em álcalis e ácidos

D. solúvel em ácido

E. reage com sal

126. Hidróxidos básicos formadores de sais:

1) $Cu(OH)_2$

2) LiOH

3) CuOH

4) KOH

5) $Al(OH)_3$

A. 2, 3, 4

B. 1, 5

C. 1, 2, 3

D. 5

E. todos

127. Quais dos compostos dados são peróxidos?

1) $NÃO_2$

2) $K\ O_{22}$

3) BaO_2

4) MnO_2

A. 2, 3, 4

B. 1, 2, 3

C. 1, 4

D. 2, 3

E. todos

128. Qual dos ácidos dados forma um sal ácido?

1) HCl

2) $H_2 SO_4$

3) HNO_3

4) $H_2 CO_3$

5) $H_3 PO_4$

A. 2, 4, 5

B. 1, 3

C. 2

D. 4, 5

E. 1, 2, 3

129. Quantos gramas de óxido de cobre (II) pode o gás libertado quando 1 mole de potássio é dissolvido em água?

A. 20

B. 40

C. 60

D. 80

E. 100

130. Determine X, Y e Z nas reacções que se seguem a este esquema.

$$NaOH \xrightarrow{+X} Y \xrightarrow{+Z} NaCl$$

A. X-$H_2 SO_4$ Y-$Na_2 SO_4$ Z-HCl

B. X-HNO_3 Y-$NaNO_3$ Z-$AlCl_3$

C. X-CO_2 Y-$Na_2 CO_3$ Z-$CaCl_2$

D. X-$H_2 SO_3$ Y-$NaHSO_3$ Z-HCl

E. C e D

131. O sal é formado em qual das seguintes reacções?

1) $CaO + H_2 O \rightarrow ...$

2) $CaO + SO_2 \rightarrow ...$

3) $Al(OH) + H_{32} SO_4 \rightarrow ...$

4) $Al(OH)_3 + KOH \rightarrow ...$

5) $BaSO$ $+NaNO_{43}$ →...

6) $NaOH+N\ O_{25}$ →...

A. 1, 2, 6

B. 2, 3, 5

C. 2, 3, 4, 6

D. 3, 4, 5, 6

E. 1, 3, 5, 6

132. Quais das seguintes substâncias têm o mesmo número de ligações p?

1) cromato de potássio

2) dicromato de potássio

3) hidrossulfato de ferro (II)

4) dihidroortofosfato de ferro (III)

5) hidroortofosfato de cálcio

6) Óxido de fósforo (V)

A. 1, 2

B. 3, 4

C. 4, 5, 6

D. 2, 3, 6

E. 2, 4

133. O nome da substância formada quando 2 moles de hidróxido de alumínio
e 1 mol de ácido sulfúrico reagem:

A. Di-hidroxissulfato de alumínio

B. sulfato de alumínio

C. hidrossulfato de alumínio

D. Hidroxosulfato de alumínio

E. Dihidrosulfato de alumínio

134. Quando 5 kg de carbonato de cálcio se decompõem, quantos volumes
(n.sh) de óxido gasoso podem ser obtidos?

A. 5.6 m3

B. 11.2 m^3

C. 1.12 m^3

D. 224 m^3

E. 4.48 m^3

135. Quantas moléculas de água correspondem a cada molécula de hidróxido de sódio na solução formada pela adição de 19,8 g de água a 2,3 g de sódio?

A. 2

B. 5

C. 10

D. 15

E. 20

136. Quando metais de igual massa são expostos a uma solução de ácido sulfúrico, qual deles liberta mais hidrogénio?

A. Não

B. Lee

C.Mg

D.Ca

E. Al

137. Quando 16 g de hidróxido de sódio reagem com uma solução que contém 31,5 g de ácido nítrico, que substância e em que quantidade aumentará?

A. 0,1 mol de NaOH

B. 0,1 mol de HNO$_3$

C. 0,2 mol de NaOH

D. 0,2 mol de HNO$_3$

E. não aumenta,

138. Quando 6 g de um metal divalente reagiram com água, foram libertados 3,36 l (n.sh) de hidrogénio. Encontra este metal.

A.Mg

B. Ba

C. Zn

D.Ca

E. Cu

139. Quando 10,4 g de uma mistura de ferro e magnésio reagiram com ácido clorídrico, foram libertados 6,72 l de hidrogénio (n.sh). Fração mássica de ferro na mistura:

A. 53.85%

B. 46.15%

C. 60.1%

D. 80.70%

E. 26.92%

140. É dada uma série de sais complexos. Em que linha são iguais os estados de oxidação do átomo central?

A. K_4 [Fe(CN)$_6$] K_3 [Fe(CN)$_6$] [Co(NH)$_{36}$]Cl$_2$

B. [Pt(NH)$_{33}$ Cl]Cl Ba[Cr(NH)$_{32}$ (CN)]$_{42}$ K_4 [Fe(CN)]$_6$

C. Na[Al(OH)$_4$] K_2 [Cu(CN)$_4$] Na[PdI]$_2$

D. [Cu(NH)$_{34}$]Cl$_2$ [Pt(NH)$_{36}$]Cl$_4$ K_4 [Fe(CN)]$_6$

E. K_4 [Fe(CN)$_6$] [Cr(NH)$_{36}$](NO)$_{32}$ [Cu(H O)$_{2\,4}$]SO$_4$ -H O$_2$

141. Quando 400 g de uma solução a 20% foram arrefecidos, 50 g de soluto foram libertados. Determine a fração mássica de soluto na solução restante.

A. 0.075

B. 0.086

C. 0.1

D. 0.125

E. 0.143

142. Qual o volume de uma solução 0,1 m de $CuSO_4$ que contém 8 g de CuSO $?_4$

A. 125 ml

B. 250 ml

C. 500 ml

D. 1 l

E. 2 l

143. A densidade de uma solução de ácido nítrico a 40% é 1,25 g/cm3.

A. 9.74

B. 5,6

C. 10

D. 0.5

E. 7,94

144. A uma solução de 30 ml de um ácido de concentração 0,1 mol/l foram adicionados 50 ml de água. Calcular a molaridade da solução resultante.

A. 0.0375

B. 0.075

C. 0.3

D. 0.0125

E.0.02

145. Calcule a concentração percentual de ácido ortofosfórico formado quando 71 g de anidrido fosfórico são dissolvidos em 600 ml de uma solução de ácido ortofosfórico a 85%, com uma densidade de 1,7 g/ml.

A. 80

B. 92,15

C. 88,45

D. 0.125

E.0.143

146. Que substâncias são electrólitos fortes?

1) HF

2) HNO_3

3) $Zn(OH)_2$

4) KOH

5) $CaCO_3$

6) $K_2 CO_3$

A. 1, 3, 5

B. 2, 4, 6

C. 1, 2, 4

D. 4, 5, 6

E. todos

147. Este processo $Al + 4OH^{3+-} \rightarrow [Al(OH)]_4^-$ ocorre quando exposto a que substâncias?

A. Hidróxido de alumínio e hidróxido de sódio

B. Óxido de alumínio e hidróxido de potássio

C. Hidróxido de alumínio e cloreto de sódio

D. cloreto de alumínio e hidróxido de potássio

E. Sulfato de alumínio hidróxido de esmeril (III) de cuba

148. Determinar o sal formado e a sua massa quando 1600 g de uma solução a 12,25% de H_3PO_4 são adicionados a 198 g de $Zn(OH)_2$

A. 322 g de $ZnHPO_4$

B. 322 g de $Zn_3(PO)_{42}$

C. 161 g de $ZnPO_4$

D. 259 g de $Zn(H_2PO4)_2$

E. 341 g de $(ZnOH)_3PO_4$

149. Foram utilizados 16 ml de solução de NaOH para neutralizar completamente 20 ml de uma solução 0,1 molar de H_2SO_4 . Determine a quantidade de álcali presente em 1 L de solução de NaOH.

A. 2.5

B. 5

C. 10

D. 20

E.40

150. Ao misturar 1 l de uma solução que contém 18,9 g de HNO_3 e 1 l de uma solução que contém 3,2 g de NaOH, forma-se um meio neutro?

A. 1:1

B. 1:2

C. 1:0.75

D. 1:2.67

E. 1:3.75

151. Determine a massa do sal formado quando 400 g de solução de hidróxido de potássio a 28% são adicionados a 64,5 g de hidróxido de berílio.

A. 119

B. 238

C. 357

D. 178.5

E. 59.5

152. Numa solução de uma mistura de sais de cloreto de potássio e cloreto de cálcio, a concentração de iões potássio é 0,5 mol/L e a concentração de iões Cl- é 3 mol/L. Determine a concentração de iões cálcio (mol/L).

A. 0.5

B. 2.5

C. 3.5

D. 5

E. 1.25

153. Qual das seguintes substâncias tem um ambiente alcalino?

1) $AlCl_3$

2) $Na_3 PO_4$

3) $Na S_2$

4) $H_2 SO_4$

5) KOH

6) $NaHSO_4$

7) $ZnSO_4$

8) $K_2 CO_3$

9) $LiCl$

10) $NH_4 NO_3$

A. 1, 4, 6, 7

B. 2, 3, 5, 8

C. 3, 5, 8, 9

D. 3, 5, 6, 8

E. 4, 5, 6

154. Quando uma solução de sulfureto de sódio foi adicionada a uma solução de cloreto de crómio (III), formou-se um precipitado e um gás. Qual é a composição do sedimento e do gás?

A. $Cr S_{23}$ e H_2

B. $Cr S_{23}$ e $H S_2$

C. $Cr S_{23}$ e HCl

D. $Cr(OH)_3$ e $H S_2$

E. $Cr(OH)_3$ e H_2

155. Quais são os ácidos que se dissociam passo a passo?

A. multibaseado

B. oxigenada

C. sem oxigénio

D. base simples

E. todos

156. Que substâncias podem ser utilizadas para determinar os iões Cu^{2+} em solução?

1) KOH

2) KCl

3) K S_2

4) KNO_3

A. 1, 2

B. 1, 4

C. 1, 3

D. 1, 2, 3

E. todos

157. Determine a massa (g) do sal formado quando 400 g de solução de hidróxido de sódio a 10% reagem com 200 g de solução de ácido sulfúrico a 49%.

A. 120

B. 142

C. 71

D. 60

E. 12

158. Qual dos seguintes sais não sofre hidrólise?

1) $NaHO_3$

2) $BaSO_4$

3) KCl

4) KBr

5) BaI_2

6) $Li_2 SO_4$

A. 1, 3, 5

B. 2, 4, 6

C. 4, 5,

D. 2, 6

E. todos

159. Quando uma substância é dissolvida em água, formam-se iões $H O_3^+$ e HSO_4^- ?

A. $Na_2 SO_4$

B. $(NH)_{42} SO_4$

C. HNO_3

D. $H_2 SO_3$

E. $K_2 SO_4$

160. Para dissolver o hidróxido de estanho (II), utilizaram-se 200 g de solução de hidróxido de sódio a 10%. Determinar a quantidade (mol) de $Sn(OH)_2$

A. 0.125

B. 0.25

C. 0.5

D. 0.75

E. 1.5

161. Quando 500 ml de ácido clorídrico foram neutralizados com carbonato de sódio, libertaram-se 5,6 l (n.sh) de gás. Determine a concentração molar (mol/L) da solução de ácido clorídrico.

A. 0.25

B. 0.5

C. 1

D. 1.5

E. 2

162. Que tipo de sal é formado quando 11,2 l (n.sh) de CO_2 são transferidos de 500 ml de uma solução 1 M de hidróxido de potássio?

A. normal

B. azedo

C. razoável

D. normal e azedo

E. o sal não é formado

163. Que volume (ml) de solução 0,1 molar de cloreto de alumínio é adicionado a 300 ml de solução 0,2 molar de nitrato de chumbo (II)?

A. 100

B. 200

C. 300

D. 400

E. 600

164. 4 l de solução contêm 71 g de sulfato de sódio, 20 g de hidróxido de sódio, 101 g de nitrato de potássio e 170 g de nitrato de sódio. Calcule a concentração de iões sódio nesta solução (mol/l).

A. 1,125

B. 0.75

C. 0.875

D. 1

E. 0.375

165. Misturando 100 g de ácido sulfúrico a 98% com água, formou-se uma solução a 40% (r=1,3 g/ml). Concentração molar da solução resultante (M).

A. 3.18

B. 3.21

C. 5.31

D. 2.63

E. 5.52

166. Que massa de soluções a 10% e a 50% deve ser misturada para preparar 50 g de solução de hidróxido de sódio a 30%?

A. 20 g de álcool a 50%, 30 g de álcool a 10%

B. 30 g de 50% li, 20 g de 10% li

C. 10 g de álcool a 50%, 40 g de álcool a 10%

D. 40 g de álcool a 50%, 10 g de álcool a 10%

E. 25 g de 50% li, 25 g de 10% li

167. Encontre o grau de dissociação se 9·1023 moléculas do eletrólito em 1 l de uma solução com uma concentração de 2 mol/l forem separadas em iões.

A. 25%

B. 50%

C. 75%

D. 80%

E.100%

168. Quantos volumes (n.sh) de amoníaco devem ser adicionados à solução para converter o cloreto de cobre (II), numa solução de 500 ml, em sal complexo de cloreto de cobre (II) tetraamina?

A. 11.2

B. 44.8

C. 67.2

D. 89.6

E.112

169. A 1ª água turva, a 2ª leite, a 3ª distrito pertencem a que sistema disperso?

A. 1-suspensão, 2-emulsão, 3-aerossol

B. 1-emulsão, 2-suspensão, 3-aerossol

C. 1-aerossol, 2-emulsão, 3-suspensão

D. 1-suspensão, 2-aerossol, 3-emulsão

E. 1-2-suspensão, 3-aerossol

170. Que massa de água deve ser dissolvida em 67,2 l (n.sh) de HCl para obter uma solução de ácido clorídrico a 9%?

A. 1107 g

B. 1701 g

C. 982.5 g

D. 9.825 g

E. 2215 g

171. Qual das reacções de troca vai até ao fim?

1) quando um dos produtos da reação precipita

2) quando se formam produtos insolúveis em água

3) quando se formam produtos solúveis em água

4) quando uma substância gasosa é formada como resultado da reação

A. 1, 2, 4

B. 1, 2

C. 3

D. 2, 3

E. todos

172. O hidróxido de sódio e o ácido sulfúrico reagiram. Esta reação:

A. Troca e oxidação-redução

B. substituição e neutralização

C. substituição e oxidação-redução

D. ocorrência e neutralização

E. fusão e neutralização

173. Quais das seguintes substâncias são agentes redutores?

1) Zn

2) HNO_3

3) CO_2

4) CO

5) H_2SO_3

6) $KMnO_4$

A. 1, 3, 4

B. 2, 3, 6

C. 2, 5, 6

D. 1, 4, 5

E. 1, 2, 4,

174. Apenas agentes oxidantes:

1) HNO_3

2) MnO_2

3) MnO_4

4) Fe

5) CrO_{27}

6) Al

A. 2, 3, 5

B. 1, 2, 5

C. 1, 4, 6

D. 2, 4, 5

E. todos

175. Quais dos processos apresentados são processos de oxidação?

1) $S \rightarrow SO_4^{2-}$

2) $S \rightarrow S^{2-}$

3) $Sn \rightarrow Sn^{4+}$

4) $Br_2 \rightarrow 2Br^-$

5) $Cl^- \rightarrow ClO_3^-$

6) $2I^{+5} \rightarrow I_2$

7) $MnO_4^- \rightarrow MnO_4^{2-}$

A. 2, 4, 6, 7

B. 1, 2, 5

C. 1, 4, 6

D. 2, 4, 5

E. todos

176. Qual das seguintes reacções é uma reação de oxidação-redução molecular interna?

A. $NH_4 Cl \rightarrow NH +HCl_3$

B. $2K_2 CrO +H2SO4 \rightarrow K2Cr O_{4272} +KSO +H O_{42}$

C. $2KMnO_4 \rightarrow K_2 MnO4+MnO +O_{22}$

D. $2H S+SO_{22} \rightarrow 3S+2H O_2$

E. $H +Br_{22} \rightarrow 2HBr$

177. Determine a soma dos coeficientes desta reação.

$$I_2 + KOH \rightarrow KIO_3 + KI + H_2O$$

A. 12

B. 17

C. 18

D. 21

E. 24

178. Que produtos se formam na reação de oxidação-redução, de acordo com o esquema abaixo?

$$K_2SO_3 + KMnO_4 + KOH \rightarrow$$

A. Sulfato de potássio, sulfato de manganês (II), água

B. Enxofre, manganato de potássio, água

C. Sulfato de potássio, óxido de manganês (IV), água

D. Sulfato de potássio, óxido de manganês (IV), ácido sulfúrico

E. Sulfato de potássio, manganato de potássio, água

179. Para a reação [X]=2 mol/l, [Y]=1 mol/l, a velocidade de reação é 0,3 mol/l-s. Determine a constante de velocidade da reação . $X + Y \rightarrow Z$

A. 0.15

B. 0.4

C. 0.6

D. 0.8

E. 0.9

180. Se a pressão de uma reação na fase gasosa for aumentada 3 vezes, qual é a variação da velocidade da reação ? $A + 2B + 2C \rightarrow D$

A. Aumenta 64 vezes

B. Diminui 108 vezes

C. Diminui 128 vezes

D. aumenta 192 vezes

E. aumenta 243 vezes

181. Na reação seguinte, a concentração de CO foi reduzida 4 vezes. Quantas vezes deve ser aumentada a concentração de O2 para que a velocidade da reação não se altere?

$$2CO + O_2 \rightarrow 2CO_2$$

A. 2

B. 4

C. 8

D. 12

E. 16

182. Na reação seguinte, o volume do sistema foi reduzido 2 vezes e, ao mesmo tempo, a quantidade de cada substância foi aumentada 3 vezes. Quantas vezes aumenta a velocidade da reação correta em relação à inversa?

$$CO + Cl_2 \rightarrow COCl_2$$

A. 2

B. 3

C. 6

D. 12

E. 18

183. Uma reação com um coeficiente de temperatura igual a 2 durou 32 minutos a 20°C. Quantos graus deveria ser a temperatura para completar esta reação em 30 segundos?

A. 80

B. 70

C. 60

D. 50

E. 100

184. Duas reacções ocorrem à mesma velocidade a 20°C. Se o coeficiente de temperatura da primeira reação é 2 e o da segunda é 3, qual é a razão entre a taxa da primeira reação e a taxa da segunda reação a 40°C?

A. $\dfrac{2}{3}$

B. $\dfrac{3}{2}$

C. $\dfrac{9}{4}$

D. $\dfrac{4}{9}$

E. $\dfrac{4}{12}$

185. Em qual das seguintes reacções, se a pressão for aumentada, o equilíbrio desloca-se no sentido da reação oposta?

1) $H_2 + I_2 \rightarrow 2HI$

2) $2CO + O_2 \rightarrow 2CO_2$

3) $N\,O_{24} \rightarrow 2NO_2$

4) $N + 3H_{22} \rightarrow 2NH_3$

A. 1, 3

B. 2, 4

C. 3, 4

D. apenas 1

E. apenas 3

186. Na reação seguinte, que factores devem ser utilizados para deslocar o equilíbrio no sentido da reação correta?

$$4HCl + O_2 \leftrightarrow 2H_2O + 2Cl_2 + Q$$

1) aumento da pressão

2) redução da pressão

3) aumentar a temperatura

4) reduzir a temperatura

5) Redução da concentração de O_2

6) Aumento da concentração de Cl_2

7) Aumentar a concentração de HCl

8) aplicação do catalisador

A. 2, 3, 6

B. 1, 4, 7

C. 1, 3, 7, 8

D. 1, 4, 5, 6, 7

E. 1, 7

187. Se o óxido de azoto (II) for adicionado ao sistema equilibrado, como se alteram as concentrações das substâncias?

$$CO + NO_2 \rightarrow CO_2 + NO$$

A. NO aumenta, todos os outros diminuem

B. NO e CO_2 aumentam, CO e NO_2 diminuem

C. NO, CO, NO_2 aumenta, CO_2 diminui

D. CO e NO_2 aumentam, CO_2 e NO diminuem

E. Aumento do CO e do NO, diminuição do NO_2 e do CO_2

188. 49 g de sal de Bertole (clorato de potássio) $KClO_3$ decompõe-se a uma temperatura de 136,5°C e a 1,2 atm. Formaram-se 14 l de oxigénio sob pressão. Produto da reação:

A. 75.6

B. 80.3

C. 83.3

D. 86.6

E. 90

189. Se a eficiência da reação é de 80%, quantos kg de ácido sulfúrico podem ser obtidos a partir de 1,6 kg de enxofre?

A. 4.9

B. 6,125

C. 7.84

D. 3.92

E. 2.45

190. Calor de formação da água DH=-286 kJ/mol. Quanto calor (kJ) é libertado se 56 mL de hidrogénio forem queimados em 33,6 mL de oxigénio em condições normais?

A. 0.715

B. 0.158

C. 4,144

D. 1.43

E. 1,716

191. É possível produzir ácido clorídrico a 80% e porquê?

A. É possível, o ácido clorídrico é bem solúvel em água

B. não pode, em que o cloreto de hidrogénio se decompõe

C. é possível, o grau de dissociação do ácido clorídrico é elevado

D. impossível, o ácido clorídrico é um ácido fraco

E. impossível, o ácido clorídrico é uma solução de cloreto de hidrogénio em água, o cloreto de hidrogénio é menos solúvel em água.

192. Os metais alcalinos são obtidos por que método?

A. Por eletrólise da liquefação dos sais

B. Por eletrólise de uma solução de sais

C. devolver os óxidos com carbono

D. devolver óxidos com alumínio

E. por decomposição dos hidróxidos

193. Quando uma solução de cloreto de sódio foi electrolisada, 11,2 l (n.sh) de gás foram libertados no cátodo. Determine a massa do alcalino formado.

A. 10

B. 20

C. 40

D. 60

E. 80

194. A fração mássica de sulfato de potássio em 200 g de solução de sulfato de potássio é 0,082. Quando esta solução foi electrolisada, 22,4 l de gás foram libertados no ânodo. Determine a concentração percentual da solução após a eletrólise.

A. 5

B. 10

C. 20

D. 30

E. 40

195. Uma corrente de 2 A foi passada através da solução de nitrato de prata durante 10 minutos. Quantos gramas de prata serão produzidos?

A. 0.0124

B. 0.134

C. 2.48

D. 1.34

E. 1

196. Quantos gramas de soda cristalina são necessários para precipitar completamente os iões Ca^{2+} numa solução que contém 1 mole de nitrato de cálcio?

A. 53

B. 106

C. 143

D. 212

E. 286

197. Que compostos se formam nas reacções do ferro com cloro, cloreto, ácido sulfúrico concentrado, solução de sulfato de cobre (II)?

A. $FeCl_2$ $FeCl_2$ $FeSO_4$ $FeSO_4$

B. $FeCl_2$ $FeCl_3$ $FeSO_4$ $Fe(SO)_{43}$

C. $FeCl_3$ $FeCl_2$ $Fe(SO)_{43}$ $Fe_2(SO)_{43}$

D. $FeCl_3$ $FeCl_2$ $Fe_2(SO)_{42}$ $FeSO_4$

E. $FeCl_2$ $FeSO_4$ $FeSO_4$ $FeCl_2$

198. Que substâncias se formam quando o nitrato de zinco é decomposto termicamente?

A. Zn NO_2 O_2

B. $Zn(NO)_{22}$ NO_2 O_2

C. ZnO NO_2 O_2

D. ZnO N_2 O_2

E. ZnO NO_2 H O_2

199. Que substâncias se formam quando o óxido de azoto (IV) passa por uma solução alcalina de sódio?

A. $NaNO_3$ H O_2

B. $NaNO$ H O_2 $_2$

C. $NaNO_2$ $NaNO_3$

D. $NaNO_2$ $NaOH$ H O_2

E. $NaNO_2$ $NaNO_3$ H O_2

200. Quando 16 g de enxofre são expostos a 200 g de ácido sulfúrico a 98%, qual é o volume (n.sh) e o gás formado?

A. 33,6 l de SO_2

B. 67,2 l de SO_2

C. 44,8 L de H S_2

D. HF

E. H_2 SO_4

201. Que ácido não pode ser armazenado num recipiente de vidro?

A. HNO_3

B. HCl

C. $CH_3 COOH$

D. HF

E. $H_2 SO_4$

202. Quais são as proporções quantitativas dos reagentes na reação do alumínio com ácido nítrico muito diluído?

A. 1:4

B. 1:6

C. 1:3.75

D. 1:3,6

E. 1:10

203. Que compostos de hidrogénio, carbono, azoto e enxofre têm um estado de oxidação negativo?

A. hidreto, carbonato, nitrato, sulfato

B. Hidreto, carboneto, nitreto, sulfureto

C. Hidróxido, carboneto, nitrito, sulfito

D. hidrato, carbonato, nitreto, sulfureto

E. hidreto, carbonato, nitrito, sulfito

204. Quantos gramas de sal de Bertole com 10% de aditivos são necessários para produzir 33,6 l (n.sh) de oxigénio?

A. 136.1

B. 122.5

C. 245

D. 68.05

E. 200

205. Qual é a diferença entre o volume de hidrogénio formado quando 80 g de hidreto de potássio são dissolvidos em água e o volume de hidrogénio formado quando a mesma quantidade de hidreto de potássio é electrolisada?

A. Não há diferença

B. 11,2 l mais

C. 22,4 l é mais

D. Menos 11,2 l

E. Menos 22,4 l

206. Qual a quantidade de ortofosfato de cálcio, óxido de silício (IV) e carbono que deve reagir para obter 31 g de fósforo? Considere que o rendimento da reação é de 50% e que, além do fósforo, se formam silicato de cálcio e dióxido de carbono.

A. 1 mol, 3 mol, 5 mol

B. 1 mol, 1 mol, 3 mol

C. 0,5 mol, 1,5 mol, 2,5 mol

D. 2 moles, 10 moles, 10 moles

E. 2 moles, 3 moles, 5 moles

207. As soluções salinas de $FeCl_2$, $FeCl_3$, $ZnSO_4$, $CuSO_4$, $NH_4 Cl$ podem ser determinadas utilizando que reagente?

A. $AgNO_3$

B. $H_2 SO_4$

C. NaOH

D. $BaCl_2$

E. NaCl

208. O que é que se forma quando 28 g de lítio são dissolvidos em 176 g de água e qual é a sua concentração?

A. 47% LiOH

B. 48% LiOH

C. 24% LiOH

D. 59% Li O_2

E. 60% Li O_2

209. 116 g de fuligem de ferro foram formados quando o ferro foi queimado com o oxigénio formado durante a decomposição térmica do nitrato de potássio. Que massa de nitrato de potássio é decomposta?

A. 50b5

B. 101

C. 151b5

D. 202

E. 250

210. Como é que o azoto pode ser limpo do oxigénio misturado com ele?

A. Ao passar a mistura pela água, o oxigénio dissolve-se na água

B. a mistura deve ser queimada

C. A mistura deve ser passada sobre carvão

D. A mistura deve ser passada por ácido sulfúrico

E. A mistura deve ser passada sobre cobre aquecido

210. Como é que o azoto pode ser limpo do oxigénio misturado com ele?

A. Ao passar a mistura pela água, o oxigénio dissolve-se na água

B. a mistura deve ser queimada

C. A mistura deve ser passada sobre carvão

D. A mistura deve ser passada por ácido sulfúrico

E. A mistura deve ser passada sobre cobre aquecido

211. Quantos homólogos do 2-metil-hexano têm massa molecular inferior?

A. 1

B. 2

C. 3

D. 4

E. 5

212. O que é que se forma quando um alcalino é adicionado a $C H_{37} COOH$ e aquecido?

A. CH_4

B. $C H_{38}$

C. $C H_{410}$

D. $C H_{37} COONa$

E. $C H_{36}$

213. Que substâncias se formam quando uma mistura de $C H_{25} J$ e $C H_{49} I$ sofre a reação de Wurtz?

A. $C H_{410}\ C H_{614}\ C H_{818}$

B. $C H_{410}\ C H_{818}\ C H_{1022}$

C. $C H_{26}\ C H_{410}\ C H_{614}$

D. $C\,H_{38}\,C\,H_{410}\,C\,H_{512}$

E. $C\,H_{26}\,C\,H_{410}$

214. o nome de um hidrocarboneto

A. 3-methyl, 2-4-diethylpentadiene-1-3

B. 3-methyl, 2-4-diethylpentadiene-2-4

C. 3-4-dimetil, 5-etil hexadieno-3-5

D. 3-4-dimetil, 2-etil hexadieno-1-3

E. 3-4-dimetil, 5-metileno heptano-3

215. Qual das seguintes substâncias descolora a solução de permanganato de potássio?

1) ciclo-hexano

2) 2-2-dimetilbutano

3) benzeno

4) tolueno

5) 2-cloropropano

6) 3-metil, 3-clorobutino-1

A. 1, 2

B. 3, 4

C. 5, 6

D. 2, 5, 6

E. 4, 6

216. Se a 44,8 l de butano e a uma mistura de buteno forem adicionados 40 g de bromo, qual é a fração volumétrica de butano na mistura?

A. 0.125

B. 0.25

C. 0.5

D. 0.75

E. 0.875

217. Buteno-1 é o nome de "Y" na reação de acordo com o esquema:

A. 2-clorobutano

B. 1-2-diclorobutano

C. 2-2-diclorobutano

D. 1-1-diclorobutano

E. 2-3-diclorobutano

218. Que quantidade de ar (l) é necessária para queimar 10 l de uma mistura constituída por 0,6 vol. de metano, 0,2 vol. de propeno e 0,2 vol. de azoto?

A. 20

B. 60

C. 80

D. 100

E.120

219. Qual é a carga do radical metilo?

A. -2

B. -1

C. 0

D. +1

E. +3

220. Que compostos apresentam isomerismo espacial?

1) 2-metilpropeno

2) 1-1-dicloroetano

3) pentano-2

4) 2-3-diclorobuteno-2

5) 2-3-dimetilbuteno-2

A. 1, 2

B. 3, 4

C. 4, 5

D. 2, 4

E. 3, 5

221. O nome do produto da reação formado pela combinação de 2 mol de cloreto de hidrogénio com 1 mol de propano:

A. 2-2-dicloropropano

B. 1-1-dicloropropano

C. 1-2-dicloropropeno

D. 1-2-dicloropropeno

E. 1-1-2-2-tetrachloropropane

222. Na combustão de um cicloalcano, formaram-se 20 ml de vapor de água (n.sh). Determine o volume de oxigénio consumido (ml).

A. 10

B. 11.2

C. 20

D. 28

E.30

223. O nome da substância que se forma quando o cloro reage com o ciclopentano:

1) clorociclopentano

2) 1-4-diclorociclopentano

3) 1-5-dicloropentano

4) 1-cloropentano

A. 1

B. 3

C. 4

D. 1, 3

E. 1, 2

224. O catalisador envolvido na reação de Kucherov:

A. $H_2 SO_4$

B. $CuSO_4$

C. $HgSO_4$

D. $Ag O_2$

E. Não

225. Quando uma solução alcoólica de um alcalino é exposta a que substância, forma-se um alcino?

1) $CH_3-CH_2 Cl$

2) CH_3-CHCl_2

3) $CH_3-CCl_2-CH_3$

4) $CH_2 Cl-CH_2-CH_2-CH_2 Cl$

5) $CH_2 Cl-CHCl-C_2H_5$

A. 2, 3, 5

B. 1, 2, 3

C. 4, 5

D. 3, 4, 5

E. 2, 3

226. Qual das seguintes substâncias reage com o sódio?

A. $CH_2=CH-CH_3$

B. $CH\equiv C-CH_3$

C. $CH_3-CH_2-CH_3$

D. $\square$

E. C_6H_6

227. O que é formado quando o produto de trimerização do acetileno é oxidado com o derivado do permanganato de potássio na presença de carvão ativado a 600°C?

A. Ácido benzoico

B. Etilenoglicol

C. ácido acético

D. dióxido de carbono

E. não se oxida

228. Como submeter o benzeno a alquilação?

1) C_2H_6

2) C_2H_4

3) Cl_2

4) C_2H_5Br

A. 1, 2

B. 1, 3

C. 2, 3

D. 2, 4

E. 3, 4

229. Que produto é formado quando 2 moles de HNO_3 participam na reação de permuta com o tolueno?

1) 2-nitrotolueno

2) 2-3-dinitrotolol

3) 2-4-dinitrotolol

4) 2-5-dinitrotolol

5) 2-6-dinitrotolol

A.1

B.2

C. 3, 4

D. 2, 4

E. 3, 5

230. A desidrogenação de $1,5 \cdot 10^{23}$ moléculas de heptano produz quantas massas (g) de areno? Calcule o rendimento da reação como 80%.

A.23

B.18.4

C. 19.5

D.15.6

E. 25

Condições	Izohi
Átomo	A mais pequena partícula de uma substância que não se decompõe quimicamente. Um tipo de átomo é designado por "elemento químico". Os átomos combinam-se para formar moléculas.
Elemento químico	Um tipo de átomos com a mesma carga nuclear.
Uma substância química	Substâncias que têm a estrutura de átomos como resultado da combinação de átomos.
Uma molécula	Esta substância é a partícula mais pequena que representa a sua composição e propriedades químicas.
Neutrões	Uma partícula com carga zero e massa 1 é uma componente do núcleo e é designada pelo símbolo n.
Órbita	É a forma mais provável de o eletrão orbitar o núcleo.
Protão	Uma partícula com uma carga de 1 e uma massa de 1 é um componente do núcleo. O núcleo de um átomo de hidrogénio é também um protão. é denotado pelo símbolo p.
Giro	Um conceito que exprime a propriedade de rotação de um eletrão em torno do seu eixo, e que tem valores. $y + \dfrac{1}{2} \quad -\dfrac{1}{2}$
Eletrónico	Um componente de um átomo é uma partícula com uma carga de -1 e uma massa de 1.
Nuvem eletrónica	O campo criado pelo movimento do eletrão em torno do núcleo. De acordo com a energia

	determinada do movimento do eletrão, a forma da nuvem de electrões pode ser diferente.
Núcleo	O núcleo é o principal componente de um átomo e é uma partícula com carga positiva. A massa do átomo está incorporada no núcleo. O núcleo é constituído por protões e neutrões de carga positiva.
Plásticos	Os compostos de elevado peso molecular obtidos artificialmente são susceptíveis de sofrer alterações plásticas.
Termoplásticos	Os plásticos são susceptíveis de sofrer alterações plásticas a altas temperaturas. Por exemplo, o cloreto de polivinilo, o polietileno e o poliestireno.
Duroplásticos	No processo de produção, os plásticos num estado de plástico mole tornam-se duros e não líquidos em resultado de efeitos térmicos subsequentes ou outros. Por exemplo, fenoplastos, aminoplastos.
Elastómeros (borrachas)	Substâncias de elevado peso molecular com propriedades de borracha obtidas natural ou artificialmente. Por exemplo, borracha natural, borracha artificial, borracha.
Fibras químicas	Compostos de elevado peso molecular sob a forma de fibras obtidas por método artificial, são utilizados na preparação de vestuário têxtil. Por exemplo, as fibras de poliacrilonitrilo (volpril, duralon, orlon, nitron), as fibras de poliamida (dederon, nylon, perlon, kapron), as fibras de poliéster (grizuten, élan, trevir, lavsan).

Valência	Número que indica o número de átomos de hidrogénio combinados ou trocados por átomo de um elemento
Nível de oxidação	É a carga condicional de um átomo numa molécula, que é calculada com base no pressuposto de que a molécula é constituída apenas por iões. Por outras palavras, o estado de oxidação é a eletrovalência dos elementos quando se assume que a molécula da substância é composta apenas por iões.
Oxidação	O processo de doação de electrões de um átomo, molécula ou ião
Oxidação	Um átomo, molécula ou ião que contém electrões.
Reacções redox	Reacções químicas que ocorrem com uma mudança no estado de oxidação dos átomos das substâncias que reagem.
Regresso	O processo pelo qual um átomo, molécula ou ião ganha electrões.
Retornante	Átomos, moléculas ou iões que doam electrões.
Corrente eléctrica	Movimento ordenado de partículas carregadas.
Elemento galvânico	Dispositivo que converte energia eléctrica em energia química, ou energia química em energia eléctrica.
Cátodo	O pólo negativo do eletrolisador.
Ânodo	O pólo positivo do eletrolisador...
Eletrólise	Uma reação de oxidação-redução que ocorre quando uma corrente constante passa através de uma solução ou líquido eletrolítico.
Elétrodo	Um metal ou semicondutor imerso num eletrólito.

Potencial eletrónico	A diferença de potencial entre as cargas positivas e negativas que aparecem na dupla camada eléctrica.
Corrosão	Corrosão dos metais.
Elétrodo padrão	Elétrodo (elétrodo de calomelano) que não se altera em resultado do potencial ambiente externo e de outros efeitos.

APLICAÇÕES
NOMES HISTÓRICOS (TRIVIAIS) DE CERTAS SUBSTÂNCIAS, MISTURAS E SOLUÇÕES

Água

Amoníaco - NH_3 solução saturada (25%)

O bário é uma solução saturada de $Ba(OH)_2$ em água

O bromo é uma solução de Br_2 em água

Javel é uma solução de KOH ou NaOH saturada com Cl_2 em água

Sólido - Os iões Ca^{2+} e Mg^{2+} eram superiores a 8 meq/l

Calcário - uma solução saturada de $Ca(OH)_2$ em água

Iodo - solução de I_2 em água

A cristalização é uma parte dos hidratos cristalinos

Suave - os iões Ca^{2+} e Mg^{2+} eram 4 meq/l

O mais difícil é T O_2

O sulfureto de hidrogénio é uma solução de H_2S em água

Pesado - D O_2

(Sem água fluoretada)

O cloro é uma solução de Cl_2 em água

Gás

Agente do riso - N O_2

A água é uma mistura de CO e H_2

O líquido é uma mistura de H_2 e O_2 (2:1 em volume)

Combustão - FeS_2 é obtido por combustão (uma mistura de SO +O +N_{222} + uma mistura de outros gases)

Natural (pântano, mina) - CH_4 (até 98% + mistura de outros gases)

Sulfito - SO_2

Sulfato - SO_3

É - CO

Com gás - CO_2

Sal

Bertollet - $KClO_3$

Glauber -$Na_2 SO_4* 10H O_2$

Amargo, inglês - $MgSO\ 7H\ O_{4*2}$

Sangue amarelo - $K_4 [Fe(CN)]_6$

Sangue vermelho - $K_3 [Fe(CN)]_6$

Mor - $(NH)_{42} SO_4 -FeSO_4 -6H O_2$

Sopa, pedra - $NaCl$

Refrigerante

Calcinada - $Na_2 CO_3$

Cáustico - $NaOH$

Cristalinidade - $Na_2 CO_3* 10H O_2$

Bebida - $NaHCO_3$

Vidro

Líquido - $Na2SiO3$ ou $K2SiO3$

Quartzo - SiO_2

Janela - $Na O*CaO*6SiO_{22}$

Orgânico (polimetacrilato de metilo) -

Solúvel - $Na_2 SiO *9H O_{32}$

Cristal - $K_2 O-PbO-6SiO_2$

Cal

Lixívia, cloro (cloro) - $CaCl_2 -Ca(ClO)_2 \leftrightarrow CaCl_2 \leftrightarrow Ca$

Extinto (bud) - $Ca(OH)_2$

Mistura de cal - mistura de $Ca(OH)_2$, areia e água

A água de cal é uma suspensão de $Ca(OH)_2$ em água de cal

O Natrão é uma mistura sólida de $NaOH$ e $Ca(OH)_2$

Não temperado - CaO

Ligas

Amálgamas - ligas com Me, Hg

Bronze - $Cu(80-90\%) + Sn(20-10\%)$

Dural, duralumínio - $Al(95\%) + Cu(3-5\%)$ + adição de Mn e Mg

Jóias de ouro - com ligas de Au, Ag e outros metais (as provas nas jóias mostram a percentagem de ouro, por exemplo, prova 375 - 37,5% Au, prova 583 - 58,3% Au)

Latão - $Cu + Zn$ (4-50%)

Melchior - $Cu + Ni(5-30\%)$

Aço - Fe (98%) + C (1,5%) + aditivos Mn, Cr, Ni, S, P, Si, etc.

Ferro fundido - Fe (93%) + C (até 4,5%) + aditivos Mn, Cr, Ni, S, P, Si, etc.

Fertilizantes

O amofos é uma mistura de $NH_4 H_2 PO_4$ e $(NH_4)_2 HPO_4$

Superfosfato duplo - $Ca(H_2 PO_4)_2 \cdot H_2 O$

Ureia (ureia) - $(NH_2)_2 CO$

Potassa - $K_2 CO_3$

O precipitado é $CaHPO_4 * 2H_2 O$

O superfosfato simples é uma mistura de $Ca(H_2 PO_4)_2$ e $CaSO_4$

Nomes comuns de salitre, nitratos de metais alcalinos, alcalino-terrosos e nitrato de amónio:

Sódio (piri-piri) - $NaNO_3$

Potássio (indiano) - KNO_3

Cálcio (norueguês) - $Ca(NO_3)_2$

Amoníaco - $NH_4 NO_3$

Farinha de fosforito (osso) - $Ca_3 (PO_4)_2$

Minerais

Amianto - $3MgO \cdot 2SiO_2 \cdot 2H_2 O$

Argila branca (caulino) - $Al_2 O_3 \cdot 2SiO_2 \cdot 2H_2 O$

Bauxite - $Al_2 O_3 \cdot n H_2 O$

É Na B O *10H O$_{2472}$

Pedra-ferro castanha - Fe O H O$_{23*2}$

Gesso - CaSO *2H O$_{42}$

Argila, corindo - Al O$_{23}$

Dolomite - CaCO$_3$ -MgCO$_3$

Gesso calcinado, alabastro - CaSO$_4$ -0.5H O$\leftrightarrow$2CaSO$_{24}$ -H O$_2$

Calcário, giz, mármore (calcite) - CaCO$_3$

Cinábrio - HgS

Pedra-ferro vermelha (hematite) - Fe O$_{23}$

Solo arenoso, areia, quartzo, sílex - SiO$_2$

Criolite - AlF$_3$ -3NaF$\leftrightarrow$Na$_3$ AlF6

Magnésia branca - 3MgCO$_3$ -Mg(OH)$_2$ -3H O$_2$

Magnésia calcinada - MgO

Pedra de ferro magnética (magnetite) - Fe O$_{34}$

Malaquite - (CuOH)$_2$ CO$_3$ $\leftrightarrow$CuCO$_3$ -Cu(OH)$_2$

Pirolusite - MnO$_2$

Colchão sulfuroso ou de ferro, pirite - FeS$_2$

Sylvinite - KCl-NaCl

Talco - 3MgO-4SiO$_2$ -H O$_2$

Fosforite - Ca$_3$ (PO)$_4$

Falso zinco - ZnS

Enxofre

Ferro - FeSO$_4$ -7H O$_2$

Cobre - CuSO *5H O$_{42}$

Óleo de viburnum - H$_2$ SO4 (solução a 60-70%)

Zinco - ZnSO$_4$ -7H O$_2$

Álcool

Vinho, médico - C H$_{25}$ OH

Madeira - CH$_3$ OH

Nashitir - NH$_3$ -H O$\leftrightarrow$NH$_{24}$ OH (uma solução de NH$_3$ em água)

Outros

Pedra amarga aluminocálcica - $K_2 SO_4$ -$Al_2 (SO)_{43}$ -$24H_2 O \leftrightarrow KAl(SO)_{42}$ -$12H O_2$

Azul de Berlim - $Fe_4 [Fe(CN)]_{63}$

O vodka é uma solução a 40% (em volume) de $C H_{25} OH$ em água

Hipossulfito - $Na S O_{223}$ -$5H O_2$

A prata é $Ag N_3$

Sódio cáustico - $NaOH$

Potássio para gravura - KOH

Sal de ouro - $Na[AuCl_4]$ -$2H O_2$

Calomel - $Hg_2 Cl_2$

Carborundum - SiC

Coque, carvão, fuligem, grafite - C

Lyapis - $AgNO_3$

Manganês - solução de $KMnO_4$ em água

Sódio - $Na O_2$

Publicado por $NH_4 Cl$

Mistura nitrificante - HNO_3 (conc)+$H_2 SO_4$ (conc) (1:2 em volume)

Oleum é uma solução de SO_3 em 100% $H_2 SO_4$

O pergidrol é uma solução a 30% de $H O_{22}$ em água

Ácido clorídrico - solução HF

Ferrugem - $FeOOH \leftrightarrow$

O silano é SiH_4

Gel de sílica - SiO_2

Ácido cianídrico - HCN

Ácido clorídrico - HCl

Ouro Susal - peça fina de Au, SnS_2 plate

Sulema - $HgCl_2$

O gelo seco é o CO_2

Azul de Turnbull - $Fe_3 [Fe(CN)]_{62}$

O vinagre é uma solução a 3-9% $CH_3 COOH$

A essência de vinagre é uma solução de 70-80% CH_3COOH

Porcelana, faiança - $xSiO_2$ -$yAl\,O_{23}$ -$z\,K\,O_2$

A formalina é uma solução a 40% de formaldeído $HCHO$ em água

Fosfina - $PH_3 \uparrow$

Mistura de crómio - solução saturada de H_2SO_4 (conc)+$K_2Cr\,O_{27}$ (1:1 em volume)

Água de dados - HNO_3 (conc)+HCl(conc) (proporção 1:3)

Os oxidantes mais importantes

Elemento	*Elevado nível de oxidação*	*Exemplos de agentes oxidantes*
-	+5	HNO_3
Mn	+7	$KMnO_4$
Cr	+6	$K_2Cr\,O_{27}$, K_2CrO_4
Pb	+4	PbO_2
F	0	F_2
Bi	+5	$KBiO_3$
S	+6	$H_2SO4_{(kons)}$

Os mais importantes que regressam

Elemento	*Estado de oxidação mais baixo*	*Exemplos de regressos*
N	-3	NH_3
S	-2	$H\,S_2$
Cl	-1	ICS
Br	-1	HBr
I	-1	HI
P	-3	PH_3
H	-1	NaH, CaH_2
Metallar	0	Al, Zn, Mg

Substâncias que apresentam propriedades oxidantes e redutoras (secundárias)

Elemento	Estado de oxidação intermédio	Exemplos de substâncias que apresentam propriedades oxidantes e redutoras
-	0, +3	N_2 , HNO_2
S	0, +4	S, SO_2 , $H_2 SO_3$
Fe	+2	$FeSO_4$, $FeCl_2$

Compostos binários

Os compostos binários (de dois elementos) são substâncias complexas constituídas por dois elementos.

Na maioria dos casos, estes compostos são combinações de metais com não metais ou dois não metais.

Os compostos binários incluem:

Halogenetos - compostos de halogéneos com elementos de menor eletronegatividade:

CaF_2 - fluoreto de cálcio, difluoreto de cálcio,

$AlCl_3$ - cloreto de alumínio, tricloreto de alumínio,

OF_2 - fluoreto de oxigénio, difluoreto de oxigénio,

HBr - brometo de hidrogénio,

CS_2 - dissulfureto de carbono, serocarbono.

Calcogenetos - compostos de calcogénios com elementos de menor eletronegatividade:

FeS - sulfureto de ferro (II),

$Fe S_{23}$ - sulfureto de ferro (III), trissulfureto de ferro,

FeS_2 - dissulfureto de ferro,

CdSe - seleneto de cádmio,

$H_2 S$ é sulfureto de hidrogénio.

As soluções aquosas de compostos de hidrogénio de halogéneos e calcogéneos pertencem à classe dos ácidos, mas os halogenetos e calcogenetos da maioria dos metais pertencem à classe dos sais.

Os nitretos são compostos de azoto com elementos menos electronegativos:

AlN - nitreto de alumínio,

$Mg\ N_{32}$ - nitreto de magnésio, dinitreto de trimagnésio,

NH_3 - nitreto de hidrogénio, amoníaco.

Fosforetos - compostos de fósforo com elementos de menor eletronegatividade:

$Ca\ P_{32}$ - fosforeto de cálcio, difosforeto tricálcico,

PH_3 - fosforeto de hidrogénio, fosfano.

Os carbonetos são compostos de carbono com elementos de menor eletronegatividade:

$Al\ C_{43}$ - carboneto de alumínio, tricarbeto de tetraalumínio,

CaC_2 - carboneto de cálcio, dicarbeto de cálcio, acetileneto de cálcio,

$Na\ C_{22}$ - carboneto de sódio,

SiC é carboneto de silício.

As silicites são compostos de silício com elementos de menor eletronegatividade:

$Mg_2\ Si$ - siliceto de magnésio, siliceto de dimagnésio.

Os híbridos são combinações de hidrogénio com elementos de menor eletronegatividade:

CaH_2 - hidreto de cálcio, di-hidreto de cálcio,

NaH é o hidreto de sódio.

O sufixo "id" é caraterístico da designação de compostos binários. Os compostos de hidrogénio de alguns não-metais têm nomes antigos:

CH_4 é metano

SiH_4 é silano

PH_3 - fosfina

AsH_3 é arsina

NH_3 - amoníaco

$H_2\ S$ é o peróxido de hidrogénio

Propriedades físicas dos compostos binários

Os óxidos básicos e anfotéricos têm pontos de fusão e de ebulição elevados e são sólidos com uma estrutura cristalina iónica em condições normais. A maior parte deles são coloridos:

Óxido	*COR*
MgO, CaO, SrO, BaO, ZnO, Al O_{23}	Branco
SiO, Hg_2 O, FeO	Preto
Cu_2 O, HgO	Vermelho
Fe O_{23} , Fe O_{34}	Castanho
Cs_2 O, Pb O_{34}	Pinc
MnO_2 , Mn O_{23}	Castanho escuro
Sb O_{25} , WO_3	Amarelo
Cr O_{23}	Verde
Li_2 O, Na O_2	Incolor

Alfabeto grego

Ortografia da letra	*Nome da carta*	*Ortografia da letra*	*Nome da carta*
A α	Alfa	N ν	Ni (nyu)
B β	Beta	Ξ ξ	Ksi
Γ γ	Gama	O o	Omikron
Δ δ	Delta	Π π	Pi
E ε	Épsilon	P ρ	Ro
Z ζ	Zeta	Σ σ	Sigma
H η	Eta	T τ	Tau
Θ θ	Teta	Y υ	Ipsilon
I ι	Iota	Φ φ	Fi
K κ	Kata	X χ	Xi
Λ λ	Lyambda	Ψ ψ	Psi
M μ	Mi (myu)	Ω ω	Ómega

Sinais convencionais de grandezas físicas e suas unidades de medida

Dimensões físicas	Unidades de medida	
	SI	*Unidades não pertencentes ao sistema utilizadas na prática*
Massa molecular relativa	-	m.a.b.
Massa atómica relativa	-	m.a.b.
O número de massa de um átomo	-	m.a.b.
Massa molar	kg/mol	g/mol
Massa molar equivalente	kg/mol	g/mol
A massa de uma substância é a massa absoluta de um átomo ou molécula	kg	g, mg
Tempo	C	min
Quantidade de substância	mol	-
Fator de equivalência (equivalente)	-	-
Número de unidades estruturais (átomos, moléculas, iões)	-	-
$6,02 \cdot 10^{23}$ Número de Avagdro	mol^{-1}	-
Volume	m^3	-
Volume molar	m/mol^3	l/mol
Fração de massa	-	%
Quota de volume	-	%
Concentração molar	mol/m^3	mol/l
Temperatura na escala Kelvin	K	-
Temperatura na escala de Seziy	-	°S
Quantidade de calor	J	kal
Entalpia	J	kal
Grau de dissociação	-	%
Grau de hidrólise	-	%
O rendimento do produto da reação	-	%

Densidade da substância	kg/m^3	g/ml, g/l
Solubilidade da substância	kg/m^3 H O_2	$g/100$ g H_2O, g/l H O_2
Densidade relativa do gás	-	-
Densidade do gás em termos de hidrogénio	-	-
Densidade do gás em termos de hidrogénio	-	-
Pressão	$Pa \leftrightarrow N/m^2$	atm., mm. sim. ust
Indicador de hidrogénio	-	-
Comprimento	m	-
Raio	M	-
Potencial padrão	B	-
Taxa de reação química homogénea	mol/m^3 -s	mol/l-s, mol/l-min
Taxa de reação química heterogénea	mol/m^2 -s	mol/m^2 -min
Carga eléctrica	Kl	-
Momento elétrico	Kl-m	-
Coeficiente de temperatura da velocidade de reação	-	-
Energia de ionização	J	eV, kal
Suscetibilidade dos electrões	J	eV, kal
Eletronegatividade	J	eV, kal
Eletronegatividade relativa	-	-

Vencedores do Prémio Nobel da Química

-1901 Ya.Vant-Goff. Holandês

- 1902 E. Fischer da Alemanha

- 1903 S. Arrhenius da Suécia

- 1904 U. Ramsay de Inglaterra

- 1905 A. Bayer da Alemanha

- 1906 Francês A. Moissant

- 1907 E. Buchner da Alemanha

- 1908 E. Rutherford de Inglaterra

- 1909 W. Ostwald da Alemanha

- 1910 O. Wallach da Alemanha

- 1911 Francês M. Sklodovskaya-Curie

- 1912 V. Grinier de França

- 1912 P. Sabatier de França

- 1913 A. Vernar da Suíça

- 1914 T. Richards dos EUA

- 1915 R. Wilstetter da Alemanha

- 1918 F. Gaber da Alemanha

- 1920 W. Nernst da Alemanha

- 1921 F. Soddy de Inglaterra

- 1922 F. Aston de Inglaterra

- 1923 Austríaco F. Pregl

- 1925 R. Zigmondi da Alemanha

- 1926 T. Svedberg de Shesia

- 1927 G. Wieland da Alemanha

- 1928 A. Windaus da Alemanha

- 1929 A. Garden de Inglaterra

- 1930 G. Fischer da Alemanha

- 1931 K. Bosh da Alemanha

- 1931 F. Bergius da Alemanha

- 1932 I. Langmuir dos EUA

- 1934 G. Yuri dos EUA

- 1935 França F. Joliot-Curie e I. Joliot-Curie

- 1936 Dutch P. Debay

- 1937 U. Heuors de Inglaterra

- 1938 R. Kuhn da Alemanha

- 1939 A. Butenandt da Alemanha

- 1943 L. Ruzichka da Hungria

- 1945 O. Hahn da Alemanha

- 1945 A. Virtanen da Finlândia

- 1946 D. Sumner dos EUA

- 1946 D. Northrop e W. Stanley dos EUA

- 1947 R. Robinson de Inglaterra

- 1948 A. Tizelis, de Shesia

- 1949 U. Djok dos EUA

- 1950 O. Diels e K. Alder, da Alemanha

- 1951 E. Macmillan e G.Siborg dos EUA

- 1952 A. Martin e R. Singh de Inglaterra

- 1953 G. Staudinger da Alemanha

- 1954 L. Poling dos EUA

- 1955 V. Vino de USA

- 1956 N.N. Semenov da Rússia

- 1957 A. Todd de Inglaterra

- 1958 F. Senger de Inglaterra

- 1959 Ya. Geyrovsky da Checoslováquia

- 1960 U. Libby dos EUA

- 1961 M. Kelvin dos EUA

- 1962 D. Kendrew e M. Perutz, de Inglaterra

- 1963 K. Sigler da Alemanha

- 1963 Italiano D. Natta

- 1964 D. Crowfoot-Hodgkin, de Inglaterra

- 1965 R. Woodward dos EUA

- 1966 R. Mulliken dos EUA

- 1967 M. Eigen da Alemanha

- 1967 D. Porter de Inglaterra

- 1967 R. Norrish de Inglaterra

- 1968 L. Onzager dos EUA

- 1969 D. Barton de Inglaterra

- 1970 L. Leloir da Argentina

- 1971 Canadiano G. Gersberg

- 1972 K. Anfinsen, W. Stein, S. Moore dos EUA

- 1973 E. Fischer da Alemanha

- 1974 P. Florey dos EUA

- 1975 V. Prelog de Cheisaria

- 1975 D. Cornforth de Inglaterra

- 1976 U. Lipscomb dos EUA

- 1977 I.R. Prigozhin da Bélgica

- 1978 M. Mitchell de Inglaterra

- 1979 G. Barun dos EUA

- 1980 P. Berg dos EUA

- 1980 U. Gilbert dos EUA

- 1981 K. Fukui do Japão

- 1982 A. Klug de Inglaterra e outros...

Símbolos químicos utilizados pelos alquimistas nos séculos XVII-XVIII

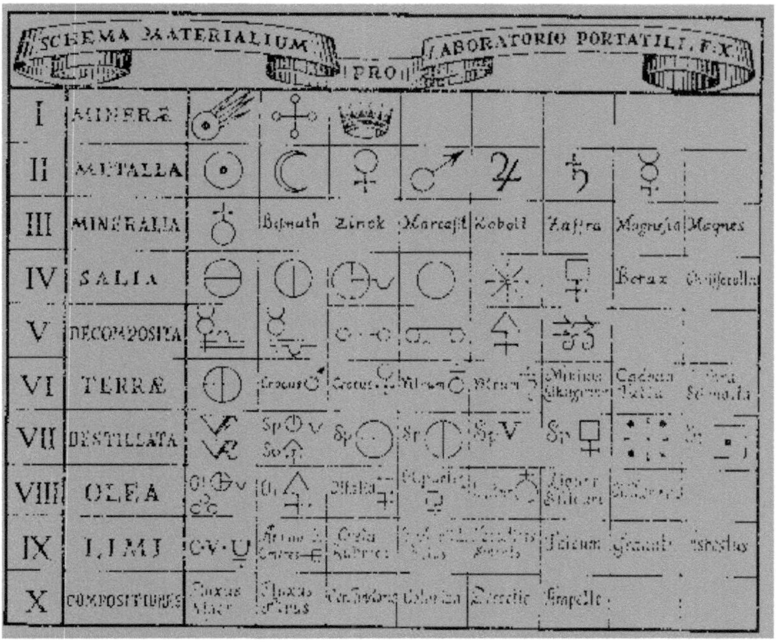

O quadro seguinte apresenta os nomes destes caracteres

I	Minérios	Markazit	Auripigmentação	Korolek	-	-	-	-	-
II	Metais	Ouro	Prata	Cobre	Ferro	Lata	Chumbo	Mercúrio	-
III	Minerais	antimónio	Bismuto	Zinco	Marcasite	cobalto	Safra	Magnasite	Magnésio
IV	Sais	Sal de mesa	Selitra	Kuporos		Novs hadil	Pedra de uva	Bura	Crisotila

V	Matéria complexa	Summa	Calomel	Realgar	Arsénio branco	Enxofre	Cinábrio	-	-
VI	Terra	Terra de cobre	Cobra de ferro	Açafrão de cobre	Escória de antimónio	Escória de chumbo	Guia de chumbo	Cádmio	Esmalte
VII	Destilados	Vodka quente, água amarga	espírito de vitríolo,	álcool de cloreto	álcool nitrato	aguardente de uva	álcool de caroço de uva,	álcool destilado,	álcool ureico
VIII	Óleos	Óleo de vitríolo	Óleo de enxofre	Óleo de grainha de uva	-	Óleo de antimónio	Óleo de sílica	Óleo de terebintina	-
IX	Solo argiloso	Cal comprimida	Zol	areia	Estrume de giz	Hematite	Talco	Grenet	Amianto
X	Composição	Velo preto,	Velo branco,	Pintura	Colorida	Lixo	Armadilha	-	-

Neste dedo estão os símbolos dos alquimistas:

No polegar - salitre

O dedo indicador é uma taça de ferro

No dedo médio - novshadil

No dedo lateral - pedra amarga

Num dedo calmo - sal de mesa

Na palma da mão - o símbolo do peixe em enxofre (fogo), era também um símbolo secreto cristão.

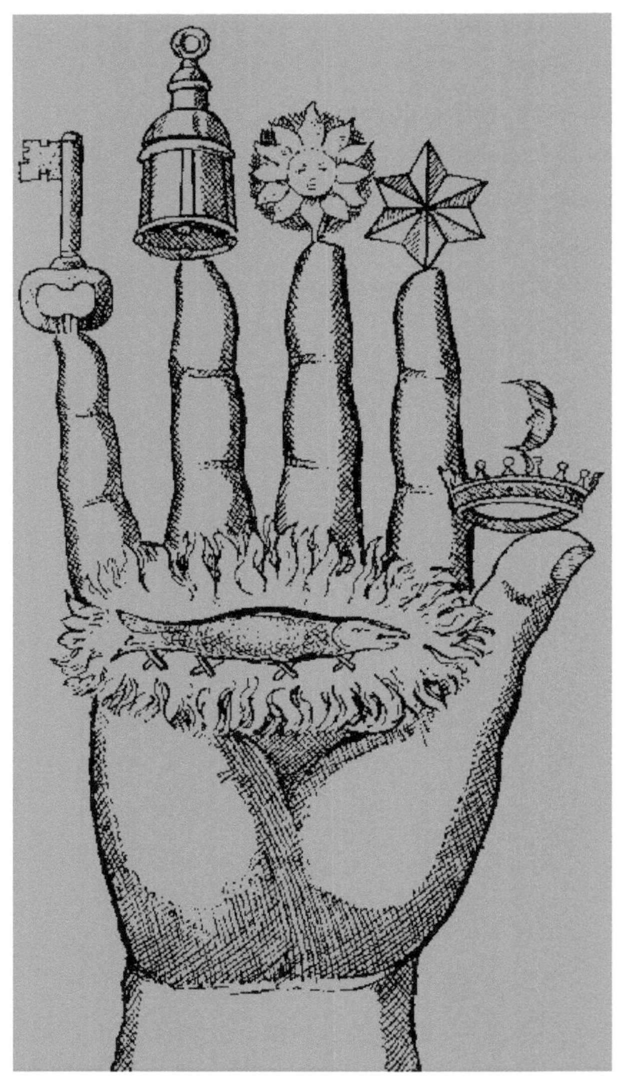

Dimensão	Designação	Interligação equações

Massa	m	$m = m_0 \cdot N_0$
		$m = V \cdot \rho$
		$m = v \cdot M$
		$m = M \cdot \dfrac{V}{V_m}$
		$m = M \cdot \dfrac{N}{N_A}$
		$m = c \cdot M \cdot V$
Quantidade de substância	v	$v = \dfrac{m}{M}$
		$v = \dfrac{V}{V_m}$
		$v = \dfrac{N_0}{N_A}$
		$v = \dfrac{Q}{Q_m}$
volume	V	$V = \dfrac{m}{\rho}$
		$V = v \cdot V_m$
		$V = V_m \cdot \dfrac{N_0}{N_A}$
Número de partículas	N_0	$N_0 = \dfrac{m}{m_0}$
		$N_0 = v \cdot N_A$
		$N_0 = N_A \cdot \dfrac{m}{M}$
		$N_0 = N_A \cdot \dfrac{N_0}{V_m}$
Massa das partículas	m_0	$m_0 = \dfrac{m}{N_0}$
		$m_0 = \dfrac{M}{N_A}$
		$m_0 = M_r \cdot \dfrac{1}{12} \cdot m_0(C)$

Volume molar	V_m	$V_m = \dfrac{V}{\nu}$
		$V_m = \dfrac{M}{\rho}$
		$V_m = V \cdot \dfrac{M}{m}$
		$V_m = V \cdot \dfrac{N_A}{N_0}$
Massa molar	M	$M = \dfrac{m}{\nu}$
		$M = V_m \cdot \rho$
		$M = m_0 \cdot N_A$
		$M = m_0 \cdot \dfrac{V_m}{V}$
		$M = m_0 \cdot \dfrac{N_A}{N_0}$
Massa molecular relativa	M_r	$M_r = \dfrac{12 m_0}{m_0(C)}$
		$M_r = 2 \cdot d_{H_2}$
		$M_r = 29 \cdot d_{havo}$
Densidade relativa	d	$d = \dfrac{\rho_1}{\rho_2}$
		$d = \dfrac{M_r(1)}{M_r(2)}$
		$d_{(H_2)} = \dfrac{M_r}{M_{r(H_2)}}$
		$d_{havo} = \dfrac{M}{29}$
Número de Avogadro	N_A	$N_A = \dfrac{N_0}{\nu}$
		$N_A = \dfrac{M}{m_0}$
		$N_A = N_0 \cdot \dfrac{M}{m}$
		$N_A = N_0 \cdot \dfrac{V_m}{V}$

A fração mássica de uma substância em solução		$\omega = \dfrac{m(\text{mod } da)}{m(eritma)}$ $m(eritma) = m(\text{mod } da) + m(H_2O)$ $\omega = \dfrac{m(\text{mod } da)}{m(\text{mod } da) + m(H_2O)}$ $\omega = \dfrac{m(\text{mod } da)}{V_\rho}$
A fração mássica de um elemento num composto	ω	$\omega = \dfrac{m(element)}{m(\text{mod } da)}$ $\omega(element) = n \cdot A_r$ $\omega = \dfrac{n \cdot A_r}{M_r}$ $n = \dfrac{\omega \cdot M_r}{A_r}$
Concentração molar	c	$c = \dfrac{v}{V(eritma)}$ $v = \dfrac{m}{M}$ $c = \dfrac{m}{M \cdot V} \cdot V(eritma)$ $c = \dfrac{m}{c \cdot M}$ $m = c \cdot M \cdot V$
Concentração molar equivalente	c_E	$c_E = \dfrac{n}{V(eritma)}$ $n\left[\left(\tfrac{1}{2}\right)X\right] = zv(X)$ $c_E = \dfrac{v}{z \cdot V}$ $v = \dfrac{m}{M}$ $c = \dfrac{m \cdot z}{M \cdot V}$ *em que n é a quantidade de substância equivalente, z é a equivalência*

O número de elementos químicos no corpo humano

Elementos	Quantidade, percentagem de peso
O (62), C (21), H (10)	10
N (3), Ca (2), P (1)	1-10
K (0,23), S (0,16), Cl (0,1), Na (0,08), Mg (0,027)	0,01-1
Zn, Sr	$10 - 10^{-3-2}$
Cu, Cd, Br, Si, Cs	$10 - 10^{-4-3}$
J, Sn	$10 - 10^{-5-3}$
Mn, V, B, Si, Cr, Al, Ba	$10 - 10^{-5-4}$
Mo, Pb, Ti	$10 - 10^{-6-3}$
Ser, Ag	$10 - 10^{-7-4}$
Co, Ni, La, Le, As, Hg, Bi	$10 - 10^{-6-5}$
Se, Sb, U	$10 - 10^{-7-5}$
O	$10 - 10^{-7-6}$
Ru	$10 - 10^{-12-4}$

REFERÊNCIAS

1. Revista "Tecnologias Pedagógicas Modernas no Ensino da Química", Tashkent. Uzbequistão. 2004.

2. Dicionário enciclopédico "Yosh khimik": para estudantes do ensino básico e secundário, Tashkent. 1990.

3. V.V.Avazov, "Química interessante", Tashkent, Professor. 1982.

4. B. Akbarov, "Viagem ao Mundo dos Milagres", Tashkent. Professor. 1997.

5. A. Rafikov, I. Ismailov, M. Askarov, "Kimyo", Tashkent. Professor. Ano 2000.

6. O. Khudoykulova "Coletânea de recomendações metodológicas para professores de química", Namangan. 1996

7. Ya. A. Ugay "Química inorgânica" Moscovo. Escola secundária.

8. B.B. Sorokin, E.P. Zlotnikov, "Do you know chemistry?", Tashkent. 1990.

9. E.L. Lutfullayev, A.T. Berdiyev, H.S. Mamadiyorova, "Kimyo" T 2005.

10. Livro dos milagres, enciclopédia universal para crianças, Tashkent. 1998.

Omanov Behruzjon é filho de Shuhrat

Doutor em Filosofia (PhD) em Ciências Técnicas,

Professor Associado

Omanov Behruzjon Shuhrat filho nasceu em 1993 no distrito de Pas-Dargom, região de Samarkand. Em 2016, ingressou no Instituto Pedagógico Estatal de Navoi, estudando métodos de ensino de química, e graduou-se com distinção em 2016. Em 2017-2019, no Instituto Pedagógico Estatal de Navoi, para além de ser mestrando em métodos de ensino de ciências exactas e naturais (Química) em 2017, começou a lecionar no Departamento de Métodos de Ensino de Química. Em 2022, defendeu a sua tese de doutoramento sobre "Síntese catalítica e tecnologia do acetato de vinilo a partir do acetileno".

Atualmente, trabalha como professor associado do Departamento de Química e como membro do Conselho Público de Educação e Ciência do Ministério do Ensino Superior, Ciência e Inovação.

Durante a carreira de Mekhnat, foram publicados 3 livros de texto (2 internacionais e 1 republicano), 2 guias de estudo (internacionais), 3 monografias (2 internacionais e 1 republicano), mais de 40 artigos científicos (4 scopus, 10 revistas internacionais e fator de impacto e 26 republicanos).

Neste momento, o jovem cientista está a realizar investigação científica sobre o tema "Melhoria, otimização e modelação de processos de tecnologias de produtos derivados do acetileno" e atraiu 2 estudantes de mestrado e estudantes talentosos.

**Hasanova Nilufar Sultan kizi**

Hasanova Nilufar Sultan kizi, nasceu em 4 de junho de 2003 no distrito de G'izhduvan, região de Bukhara. Em 2022, entrou no Instituto Pedagógico Estatal de Navoi, Faculdade de Ciências Naturais, no departamento de química. Em 2024, participou no concurso Golden Pen-2024, tendo-lhe sido atribuído um certificado, e no mesmo ano publicou um artigo de tese sobre o tema "Problemas da ciência química e desenvolvimento industrial". Atualmente, é aluno do 3. Lecciona Química desde 2022.

ÍNDICE